西安石油大学优秀学术著作出版基金资助

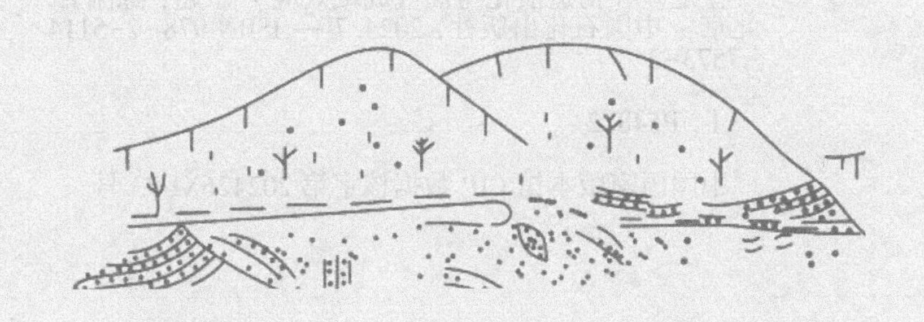

盆地差异构造演化与油气成藏效应

丁　超　陈　刚◎著

中国石化出版社
·北京·

图书在版编目(CIP)数据

盆地差异构造演化与油气成藏效应 / 丁超，陈刚著.
北京：中国石化出版社，2024. 7 — ISBN 978-7-5114
-7573-2

Ⅰ. P548. 2

中国国家版本馆 CIP 数据核字第 202426XU73 号

中国石化出版社出版发行

地址：北京市东城区安定门外大街 58 号
邮编：100011　电话：(010)57512500
发行部电话：(010)57512575
http://www.sinopec-press.com
E-mail:press@sinopec.com
北京捷迅佳彩印刷有限公司印刷
全国各地新华书店经销
*
710 毫米×1000 毫米 16 开本 9.5 印张 165 千字
2024 年 7 月第 1 版　2024 年 7 月第 1 次印刷
定价：62.00 元

PREFACE

前言

尽管包括鄂尔多斯盆地在内的国内外诸多盆地都不同程度地发现了油、气、煤、铀等多种能源矿产同盆共存的现象，但以往很少将其放在盆地动力学演化-改造的统一时空序列中进行整合研究，更缺少对其受控关键构造事件在更窄时间域或更高精度上的定量年代学分析和时间坐标体系的建立。多种能源矿产同盆共存富集所受控的统一盆地构造动力学环境、关键构造事件的时空坐标及其与多种矿产的耦合成矿(藏)关系，成为近年来备受人们关注的重要基础性前沿科学问题。

从地球系统观出发，以沉积盆地动力学及其成矿(藏)系统研究的整体、动态、综合原则为指导，通过系统建立和分析盆地演化-改造过程之主控构造事件的时空坐标体系及其与成矿(藏)事件的耦合关系，将同盆共存之多种能源矿产放在盆地构造动力学及其成矿(藏)系统演化-改造的统一时空序列中进行整合研究，客观认识多种共存矿产富集成矿(藏)受控的统一盆地动力学演化环境及其主控构造事件。

运用构造事件定性研究与构造热年代学定量分析相结合的综合解析方法，系统研究从区块到盆地不同规模和级序的“不整合”构造事件的峰值年龄分布及其沉积构造响应特点和受控的盆地动力学演化环境，综合构建盆地演化-改造过程之主控构造事件的时间坐标体系，客观揭示关键构造事件及其峰值年龄分布在盆地中新生代演化-改造与成藏(矿)过程中的盆地整体性规律与区块个性特点及其与多种矿产耦合成藏(矿)的关系，为多种能源矿产的成矿(藏)机理和富集规律研究提供更窄时间域或更高精度上的定量年代学时间坐标约束。

强调从时间域、空间域和时-空耦合的多视角层面，深化理解和认识“构造事件”“构造转换”与“构造差异升降”等概念内涵及其耦合成藏(矿)效应。

盆地演化-改造过程的关键“构造事件”是控制和影响盆地动力学演化及

其动力体制转换和同盆共存矿产耦合成矿(藏)的重要突变事件，它不仅在地表浅层突出地表现为沉积、构造形迹的异常突变，同时伴随着岩石圈–地壳不同深度层次的异常构造–热液活动、水岩相互作用及其相关的岩石物理、化学作用和成矿参数的联动转换，以及不同类型矿物封闭温度时钟的启动及其同位素年龄记录的异常集中。因此，它是“不整合构造事件、特异沉积建造或岩浆活动事件、峰值年龄事件等”的综合异常体。

“构造转换”是指关键变革时期或构造转换区带在构造体制、构造属性、构造样式或构造强度等方面的一种异常或特殊作用方式。时间域的构造转换突出表现为关键变革期构造转换事件的强烈构造变形、岩浆–热液活动及其水岩相互作用等所引发的一系列不同尺度的物理–化学–生物作用及其成矿参数的联动转换；空间域的构造转换突出表现为盆地稳定区与边缘活动带之间、边缘活动带的不同构造变形样式区、不同构造作用强度区、不同构造走向区之间过渡转换产生的一种特殊空间结构状态。尽管构造转换在时间域和空间域的表现形式、作用方式及其构造内涵上各不相同，然而又存在互相关联、彼此依托的不同时–空组合类型，并有可能耦合产生出有利于多种矿产成矿(藏)物质积聚的适度构造活动环境及其相应的极端临界环境状态。

山体“差异隆升”或盆–山“差异升降”是指活动山体及其前缘盆地在地质作用过程的时间域或空间域非均一升降现象，应该包含“纵向时间和横向空间”两方面含义。一是时间演化坐标体系下特定地区或岩体隆升的阶段性及其不同隆升阶段抬升剥蚀速率和抬升冷却速率的差异性变化，通常反映演化时序上构造作用强度的交替规律，从而提供主控构造事件的期次和时域；二是在空间坐标体系下不同构造区段或结构单元构造抬升时间及其相应抬升剥蚀速率或抬升冷却速率的差异性变化，通常反映不同空间结构单元构造隆升作用强度的横向传递规律，从而提供关键构造事件空间传递的响应或耦合关系。

在本书撰写及相关项目研究过程中，得到了西北大学任战利教授、太原理工大学谢晋强副教授、陕西省煤田地质有限公司杨甫高工诸多帮助和指导，在此一并表示感谢。此外，本书还得到了西安石油大学优秀学术著作出版基金、陕西省教育厅项目“流体包裹体约束下鄂尔多斯盆地上三叠统延长组油气成藏的构造物理化学参数研究”(编号：20JS115)、陕西省自然科学基础研究计划项目“鄂尔多斯盆地南部奥陶系油气成藏年代及其临界转换参数”(编号：2017JQ4013)、西安石油大学博士科研启动基金项目“鄂尔多斯盆地南部铜川地区三叠系构造热演化史”(编号：2014BS04)的支持。

CONTENTS

目录

第一章

盆地区域地质概况

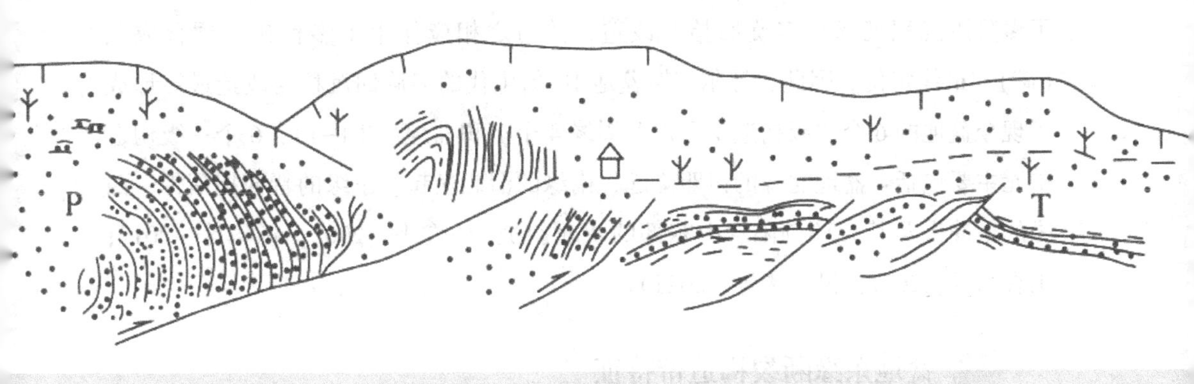

第一节　区域构造特征

鄂尔多斯(陆块)盆地在大地构造单元上，位于华北克拉通中西部，它的沉积演化-改造主要经历了3个阶段，早古生代-晚古生代陆表海-滨浅海沉积沉降阶段、中生代三叠纪-早白垩世的内陆河湖相沉积沉降阶段、晚白垩世以来盆地整体抬升-剥蚀改造阶段。其中，中生代三叠纪之前的华北陆表海-滨浅海沉积主体受控于古生代板块构造环境下，并作为华北克拉通陆块的一部分。而它成为独立的沉积盆地主要发生在中生代-新生代大陆动力学构造-演化背景下，经历了多阶段沉积沉降与多旋回抬升改造，并与之相应伴生了多种矿产耦合成藏(矿)与最终定位。因此，鄂尔多斯盆地中-新生代的多旋回沉积与改造最终形成了现今盆地的6个一级构造单元以及周缘4个沉积盆地(图1-1)，6个一级构造单元主要包括：盆地北缘的伊盟隆起、南缘的渭北隆起、东缘的晋西挠褶带、西缘的逆冲带及其天环坳陷、中东部的陕北斜坡(杨俊杰，2002；杨华等，2012；王香增等，2017；付金华等，2021)。

一、盆地东缘断裂构造带特征

(一) 离石断裂带(F_1)特征

盆地东缘的离石断裂通常被视为分隔鄂尔多斯盆地与山西地块的边界断裂。野外地质构造勘查资料表明，离石断裂实际上是有多条断续出露地表的近NNE-NE向高角度走滑断裂带，并在地表断裂构造形迹上与其以北的汉高山断裂以及宁武复向斜北侧NE走向的春景洼断裂和大同盆地西北缘的鹅毛口断裂等组成区域NE向的断裂构造带(图1-2)。邓晋福等(2007)关于华北岩石圈三维结构及演化的最新研究成果表明，离石-汉高山-春景洼-鹅毛口断裂实际上构成了包含深部岩浆活动、地表断裂构造等深、浅层多种地质构造内涵的多期次拆离走滑断裂带(图1-3)，构成了鄂尔多斯地块与山西地块之间中生代NE向断裂构造系统的重要分界；该断裂北段(春景洼-鹅毛口)显然不是现今鄂尔多斯盆地东缘北段的构造边界。

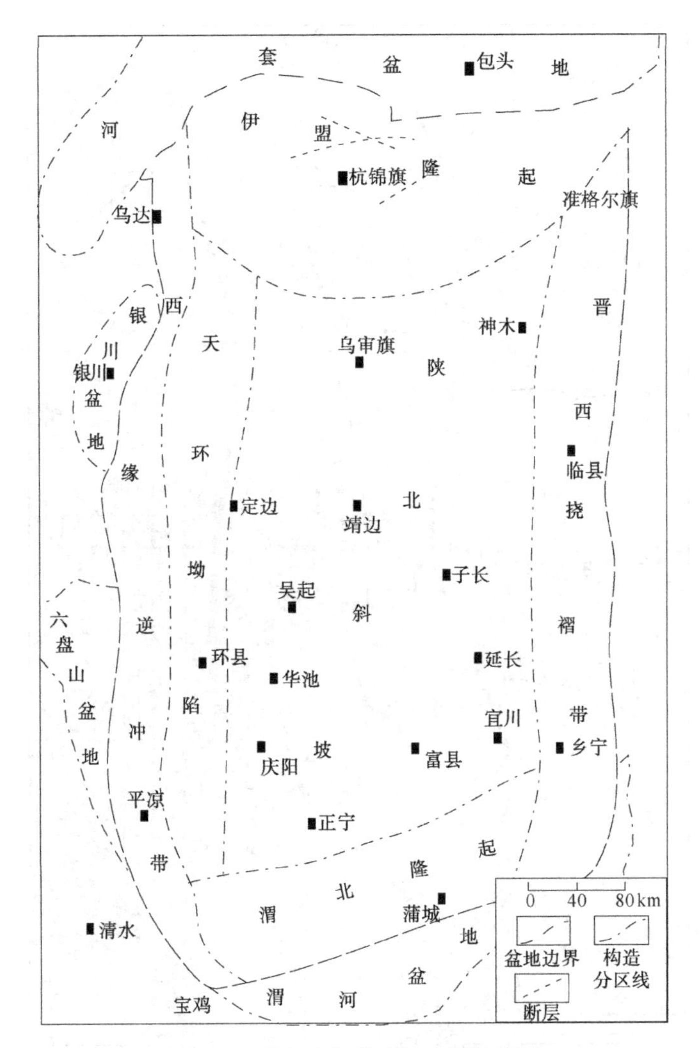

图 1-1　鄂尔多斯盆地构造单元简图

值得注意的是，野外地质勘查所见到的出露地表的 NNE 向离石-汉高山断裂，虽然在汉高山断裂以北看不到穿越五寨复向斜向北延伸的地表断裂构造活动形迹，但仍然清晰可见在离石-汉高山-偏关一条近 SN 向的显著重力异常梯级带(图 1-2)，并造成沿重力梯级带方向呈现为南段(离石-汉高山)高角度冲断至地表、北段(府谷-海则庙)导致沉积地层露头剖面的强烈褶曲(图 1-4)，显示出盆地东部新生代后期构造掀斜过程叠加在 NE 向构造之上的近 SN 向地球物理梯级带，总体上构成了现今鄂尔多斯盆地与山西隆起地块之间的重要构造分界。

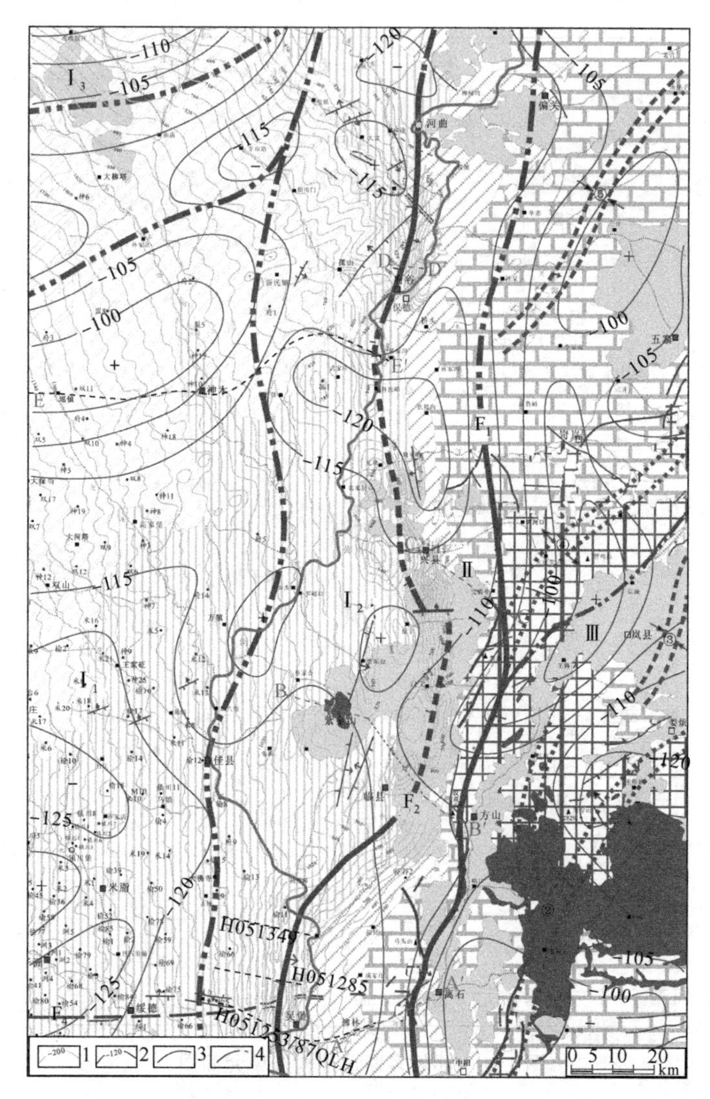

图 1-2　盆地东缘断裂构造带与重力梯级带平面组合关系

1—地震反射界面 Tc_2 构造线/m；2—重力异常等值线/m；3—断裂带；4—重力梯级带

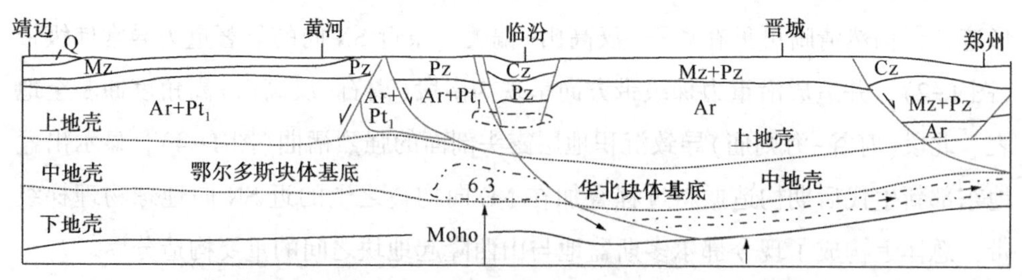

图 1-3　鄂尔多斯-山西地块地质、地球物理综合解释剖面(据邓晋福等，2007)

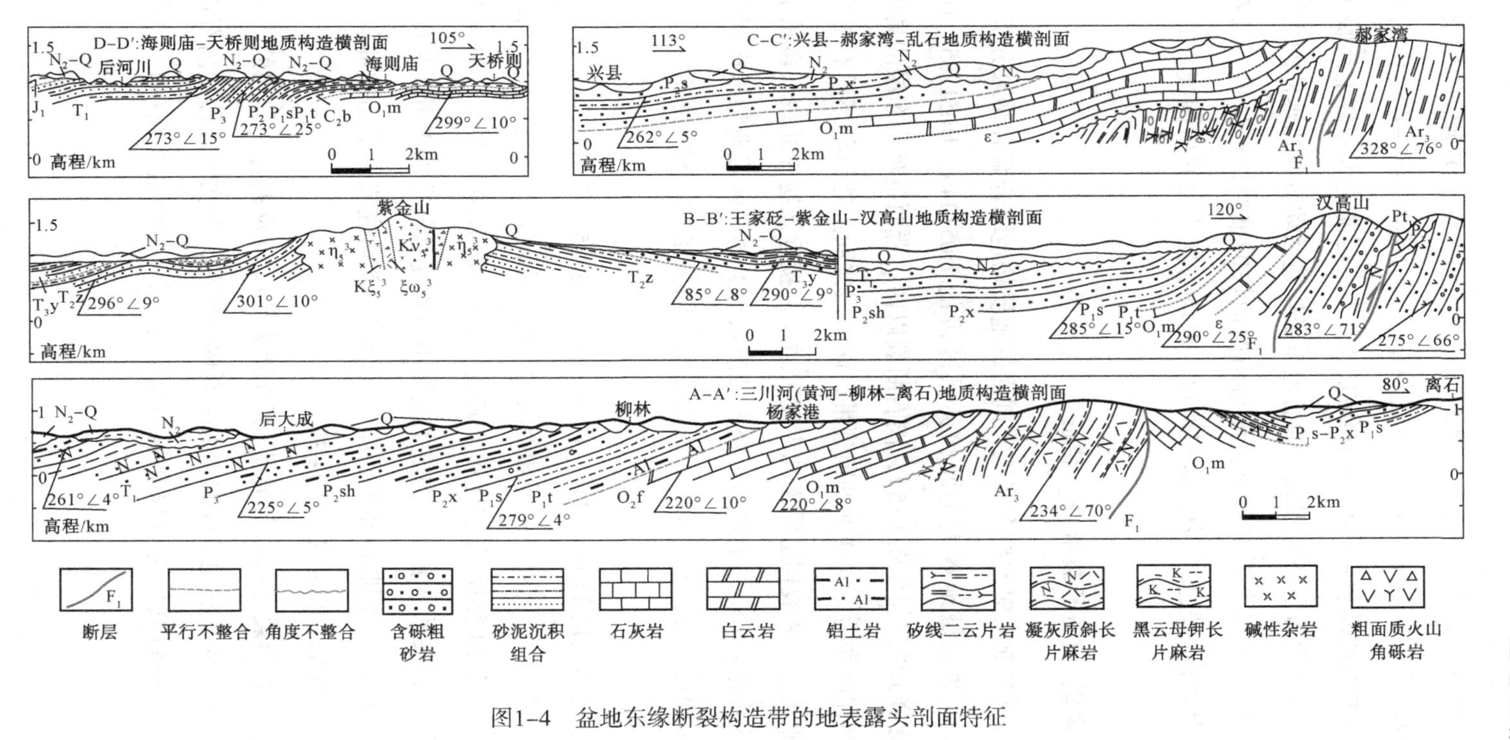

图1-4 盆地东缘断裂构造带的地表露头剖面特征

因此，离石断裂带是一条具有多期活动和不同深度层次响应的复杂走滑断裂带，总体构成了鄂尔多斯地块与山西地块的重要分界；离石-汉高山断裂带与离石-汉高山-偏关的断裂-重力异常梯级带组合则有可能更大程度上反映了新近纪以来与深部地球动力学环境相关联的盆地东缘构造活动带向北延伸的主导构造走向，总体上构成了现今鄂尔多斯盆地与山西地块的重要构造分界。二者在汉高山-离石及其以南区段叠合为盆地与地块、地块与地块之间协调统一的构造分界断裂带。

（二）吴堡-府谷断裂带（F_2）特征

本次研究和前人对盆地东缘地震剖面的地质构造综合解释结果分析，位于神木-府谷区段的区域地震大剖面和吴堡区段的 H051349、H051285、H051253/87QLH 等多条地震剖面（图 1-5），离石断裂以西、晋西挠褶带东缘的吴堡区段和府谷区段存在向盆地方向逆冲的断裂带，两区段之间虽然目前还没有更多的地震剖面系统证实这一断裂构造沿南北走向贯通，但接近该逆冲断裂带多条地震剖面在 Tc_2 地震反射层构造图上显示了断裂带前缘与上述两区段典型地震剖面相似的密集陡变带构造形迹，总体指示了近南北走向的吴堡-府谷断裂带（F_2）构造变形特点。

尤其是吴堡区段的 H051349、H051285、H051253/87QLH 等多条地震剖面，该断裂带不仅呈现出与府谷区段相似的中浅部断面陡直的特点，而且向深部呈现为近乎顺层的低角度滑脱断层性质。显然，吴堡-府谷断裂带（F_2）与离石断裂带（F_1）的空间组合关系，客观上构成了近似不对称花状构造的走滑断裂构造带组合样式，推测其深部共同收敛于岩石圈三维结构最新研究成果给出的鄂尔多斯地块与华北地块之间的分界断裂（图 1-3）。

因此，离石断裂带（F_1）与吴堡-府谷断裂带（F_2）及夹持于其间的构造岩石地层单元，共同构成了盆地东缘的走滑断裂构造体系，本次研究称为离石走滑断裂构造带（Ⅱ），并将其作为分隔鄂尔多斯盆地（Ⅰ）与山西地块（Ⅲ）的重要构造单元。

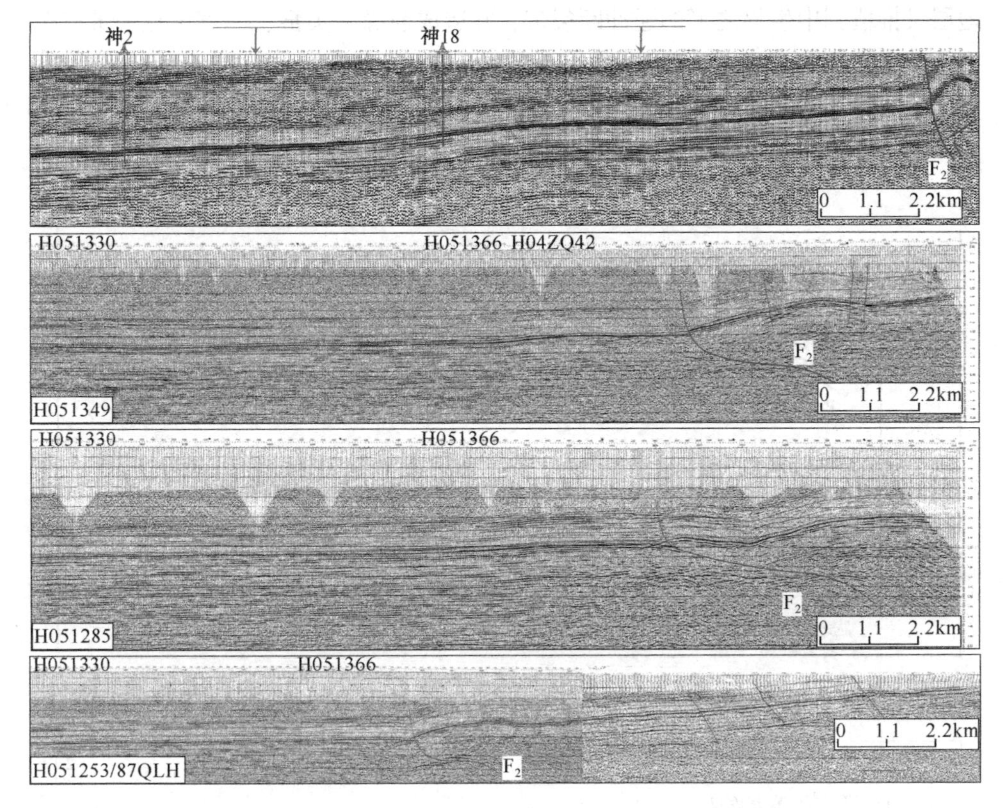

图 1-5　盆地东缘吴堡-府谷断裂带(F_2)地震剖面结构特征

二、盆地北缘断裂构造带特征

由于河套地堑系分隔了鄂尔多斯盆地与其北部阴山(大青山)构造变形带的直接联系，因而造成了人们对盆地北缘边界断裂带及其与阴山(大青山)构造变形带关系的长期争议(郑亚东等，1998；戚国伟等，2007)。通过对盆地北缘野外地质勘查和相关地质露头剖面的构造解析，结合区域深部地球物理和重、磁资料，探讨分析了盆地北缘断裂构造带特征，并提供研究盆地东北部中-新生代构造-演化的重要区域地质构造信息。

盆地北缘石哈拉沟-高头窑区段野外地质勘查和相关地质露头剖面的构造解析显示(图 1-6)，盆地北部边缘与河套地堑呼和浩特断陷南部边缘交接地带的石哈拉沟剖面，都不同程度地残存有元古界地层推覆到变形的上古生界，上古生界地层又推覆到中生界之上的逆冲断裂带，并造成前缘高头窑、苏家圪旦一带三叠系-侏罗系地层的褶曲变形，变形地层之上又被下白垩统东胜组粗碎屑岩系不整合覆盖，野外地质构造现象表明这是一条主体发生在中晚燕山期的逆冲推覆断裂带，与盆地西缘的逆冲推覆时代基本相当。

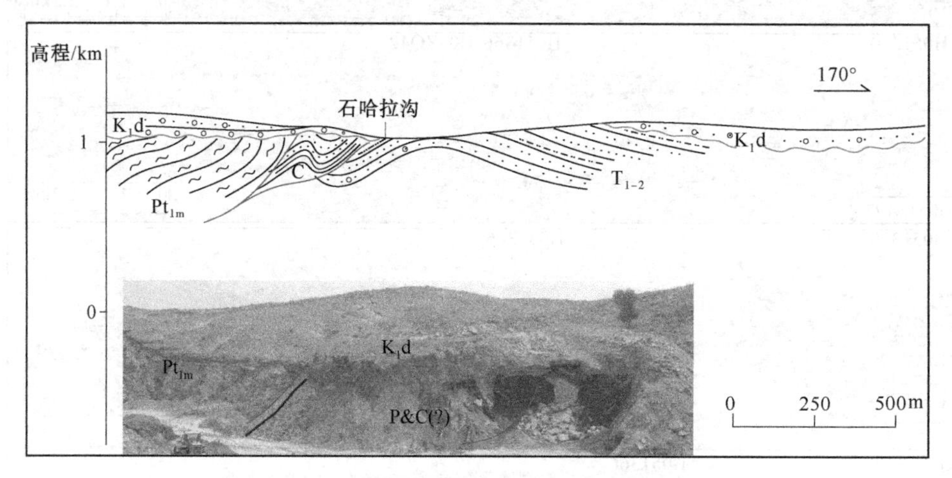

(a)石哈拉沟地质构造横剖面

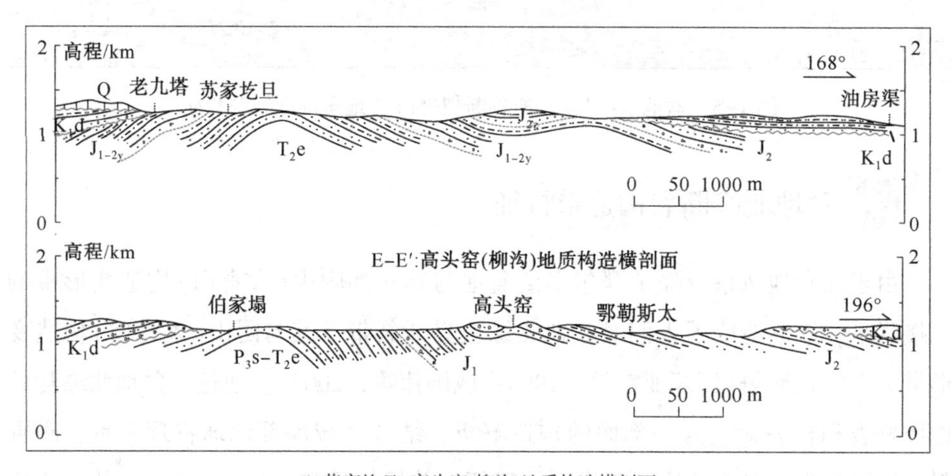

(b)苏家圪旦-高头窑(柳沟)地质构造横剖面

图 1-6 盆地北缘石哈拉沟-高头窑区段野外露头地质构造剖面

实际上，现今残存在盆地北部边缘的石哈拉沟逆冲断裂带并非孤立的构造现象，它与呼和浩特断陷北缘的乌拉山-大青山中生代晚期发育的逆冲断裂构造相关联，并通过深部构造动力学作用过程，共同构成了盆地北部边缘的逆冲断裂构造系。伊金霍洛旗-满都拉地质、地球物理综合解释剖面显示(图 1-7)，鄂尔多斯盆地北缘中生代沿大青山山前断裂上部向阴山块体仰冲，下部向阴山块体之下陆内俯冲，而新生代则表现为简单剪切机制下的大型壳内拆离和区域左行走滑拉张，发育形成河套地堑系。因此，盆地北缘的石哈拉沟逆冲断裂是盆地北部边缘的逆冲断裂构造系的重要组成部分，区域上构成了盆地北缘的重要边界断裂。

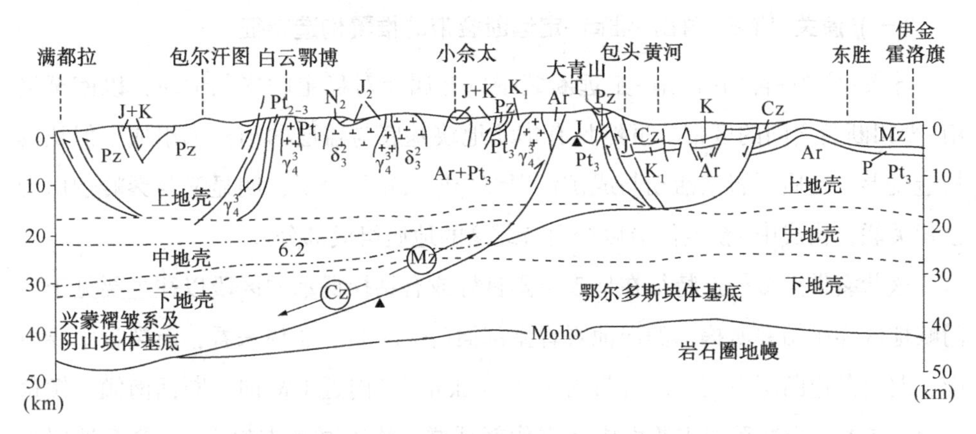

图 1-7 伊金霍洛旗-满都拉地质、地球物理综合解释剖面(据邓晋福等，2007 修编)

综上所述，盆地东缘构造边界比北缘构造边界相对复杂，并非人们以往以离石断裂来作为盆地东缘构造边界那么简单。本次研究厘清了盆地东缘边界，分析认为吴堡-府谷断裂带、离石断裂带及夹持于其间的构造岩石地层单元(上部呈现不对称花状构造，且深部收敛同一条滑脱断裂带)共同构成了鄂尔多斯盆地与其西部的山西地块的分界。盆地北缘构造边界相对比较简单，主要由石哈拉沟以及马场壕逆冲断裂带构成。

三、盆地南缘边界断裂带

鄂尔多斯地块(盆地)南缘边界断裂实际上涉及对秦岭造山带北侧边界的认识。区域上，秦岭造山带在不同构造演化阶段有不同的边界，并非固定不变，因而造成人们对秦岭造山带北侧边界断裂的认识一直存有争议。从现今残存的构造行迹来看，秦岭造山带北侧边界或华北地块南缘构造带的北部边界在小秦岭及其以东地区是比较明确的，通常认定为潼关-宜阳-鲁山-午阳延伸至淮南-定远一线。但其向西延伸则由于被新生代渭河断陷截切而引发了多种争议，以往主要根据深部地球物理资料将其沿渭河断陷中部近东西向的渭河断裂续接延伸至宝鸡，显然缺少山前带沉积盖层构造变形的相关信息约束。通过对鄂尔多斯盆地南缘渭北隆起区沉积盖层变形样式的分析，认为华北地块南缘构造带的北部边界断裂自潼关向西的延伸应该与口镇-圣人桥及其向西延伸至千阳草碧一带，并有可能与盆地西缘冲断带前缘的青龙山-平凉或沙井子断裂转换对接。

（一）潼关-宜阳-鲁山-淮南-定远断裂带的推覆构造特征

潼关-宜阳-鲁山-淮南-定远断裂带以北属相对稳定的华北地块，以南至洛南-栾川断裂之间的区带，虽然具有华北地块基底与盖层的结构和组成，但从其构造变形、变质、岩浆活动与成矿作用综合地质特征分析，明显又与秦岭造山带密切关联，构成中-新生代秦岭造山带北缘的地质组成部分。

该断裂带推覆构造特征在地表出露良好或有钻探揭示的区段以往主要见于三门峡地区煤矿钻井所揭示的渑池观音堂剖面(图 1-8)。总体来看，断裂带主要由南、北两条逆断层组成，断裂带为 100m～2km、走向近 EW 向，断面南倾，倾角为 50°～70°。逆冲系统主要由中元古代熊耳群、汝阳群和古生界-三叠系地层组成，元古界-古生界岩层依次自南向北呈叠瓦状逆冲堆置，逆冲前锋带地层直立或倒转，断层的主滑脱面在陕渑一带为二叠系山西组底部的煤层，断层下盘岩层发生倒转褶皱，总体呈现为自南向北冲断的大型逆冲推覆构造系。此外，近邻的野外露头变形特征曾见于宜阳陈庄剖面(图 1-9)。

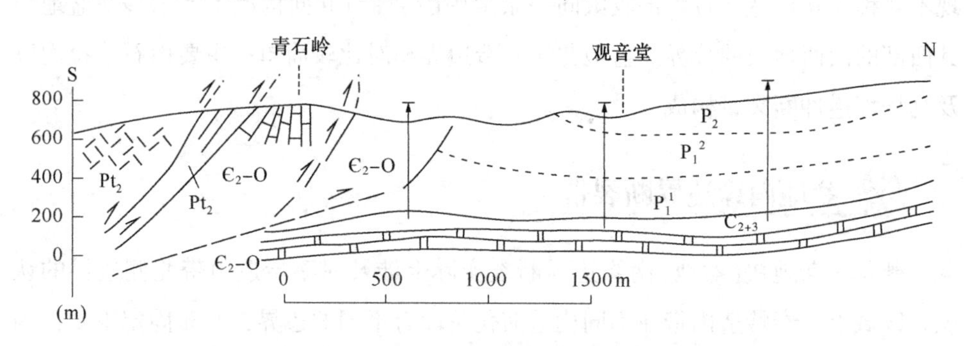

图 1-8　秦岭造山带北缘渑池观音堂逆冲推覆构造剖面(据周立发，2005)

上述已有剖面特征表明，潼关-宜阳-鲁山的逆冲推覆构造时代大致为侏罗纪晚期到新生代初期，而且南侧发育早、北侧迟，故说明推覆构造依次由南向北发生，表现为背驮式叠瓦状逆冲推覆构造特征。

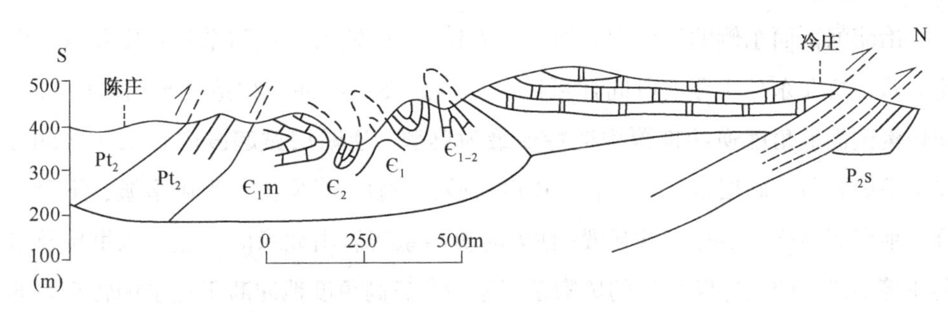

图 1-9　华北地块南缘宜阳陈庄逆冲推覆构造剖面(据周立发，2005)

总之，通过对秦岭造山带北缘边界断裂不同区段构造发育特征的解剖研究与对比，各区段的局部构造有一定差异，但总体均表现为南倾北冲的构造特征，且在区域上可联结为一带，共同组成华北地块南部向北的巨大陆内冲断带，相应伴随着主导断裂形成自南向北的背驮式逆冲推覆构造体系。断裂的主要活动期为白垩纪。

(二) 鄂尔多斯盆地南缘草碧-圣人桥断裂带的冲断构造特征

草碧-圣人桥断裂带位于鄂尔多斯盆地南缘渭北隆起西段，东起口镇圣人桥-铁瓦殿地区的野外露头剖面，向西由地震剖面揭示可延伸至千阳草碧一带。口镇冶峪河圣人桥(图 1-10)附近发生地层倒转和强烈破碎，并以较低角度逆冲断层形式推覆于宽缓挠曲变形的三叠系厚层砂岩之上；冲断构造带宽度约 150m。

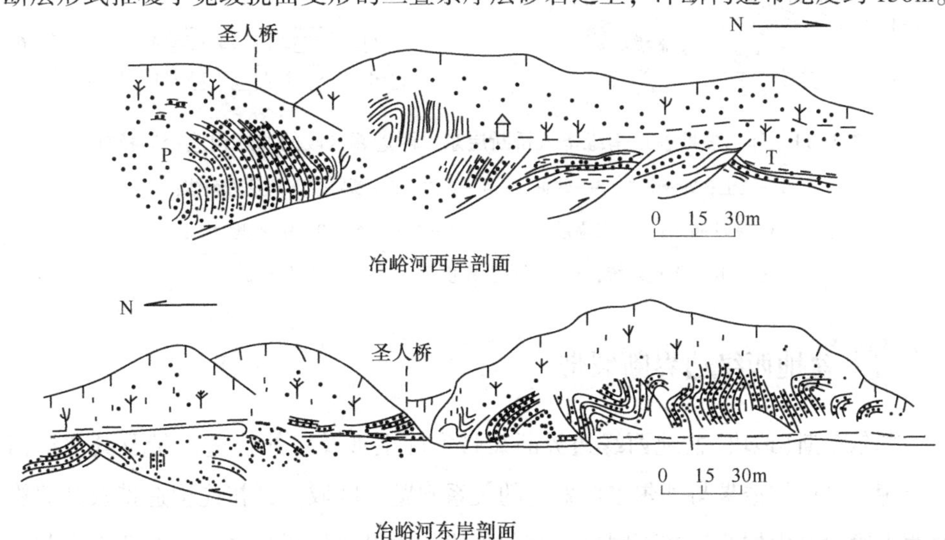

图 1-10　鄂尔多斯盆地南缘冶峪河冲断构造变形特征

冶峪河剖面东侧的油坊沟剖面、西侧铁瓦殿-钻天岭奥陶系灰岩山北缘的山化、八里桥及东马庄等地段同样可以见到与之类似的冲断构造变形(图 1-11)。油坊沟剖面低角度逆冲推覆构造特征最为典型，逆断层掀起段产状 150°∠50°，向下平缓收敛，断层带上盘二叠系中厚层砂岩发育规模宏大的平卧褶皱，下盘三叠系地层宽缓挠曲变形。铁瓦殿-钻天岭奥陶系灰岩山北缘的山化、八里桥及东马庄等地段，陡立冲断变形的奥陶系层系向北较高角度地冲断于近乎倒转直立的二叠系砂泥岩地层之上。区域资料表明，圣人桥断层下盘二叠系-侏罗系地层呈整合或平行不整合关系协调变形，并被下白垩统宜君砾岩层不整合覆盖，由此推断圣人桥冲断带的构造变形主要发生在侏罗纪晚期的燕山中期。

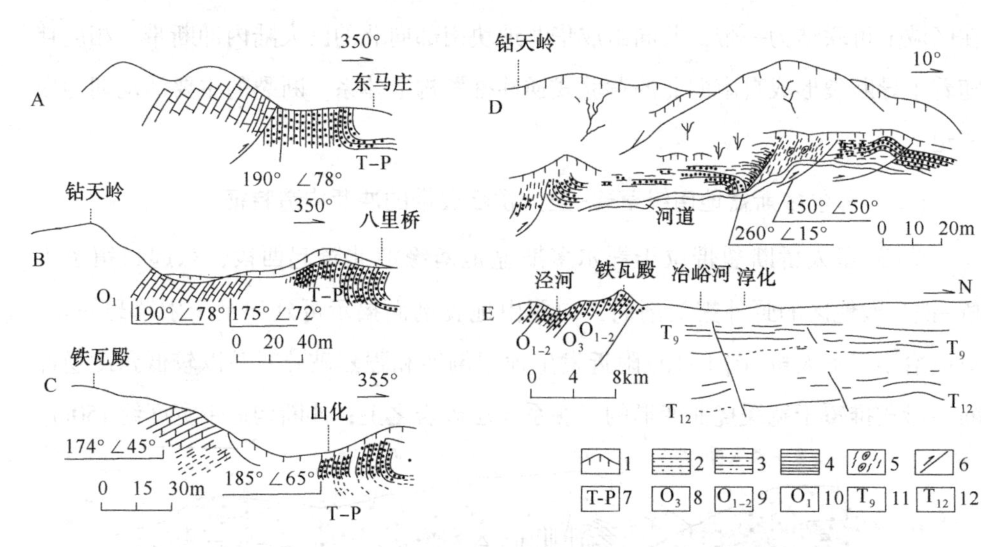

图 1-11 鄂尔多斯盆地南缘圣人桥断层东、西近邻区段的冲断构造变形特征

1—黄土；2—砂岩；3—砂页岩；4—页岩；5—断层带劈理及透镜体；6—逆冲断层；7—三叠系-二叠系；8—上奥陶统；9—中下奥陶统；10—下奥陶统；11—下古生界顶面；12—下古生界底面

四、盆地西缘边界断裂带

鄂尔多斯(地块)盆地西缘边界断裂带实际上涉及对祁连造山带及其北缘河西走廊六盘山构造带与鄂尔多斯盆地的关系问题。区域上，祁连构造带及其北缘河西走廊六盘山构造带在不同构造演化阶段的边界变化更为复杂，对造山带与盆

地分界断裂的认识也一直存有争议。本节通过对鄂尔多斯盆地主干断裂带的构造属性及其演化特点、盆地西缘冲断带与六盘山弧形冲断构造带的组合关系及其构造变形样式综合分析，探讨了鄂尔多斯地块西缘的断裂构造体系与盆地西缘的边界断裂特征。

（一）六盘山弧形冲断构造体系

鄂尔多斯(地块)盆地西缘六盘山弧形冲断构造体系自祁连构造带北缘向北依次分布着总体呈弧形展布的海原断裂(F_1)、清水河断裂(F_2)、烟洞山-窑山断裂(F_3)、青铜峡-固原断裂(F_4)及其以东近南北向展布的韦州-安国-华亭断裂(F_5)、青龙山-平凉断裂(F_6)和沙井子-彭阳断裂(F_7)。这些断裂形成时间早晚存在差异、构造属性和规模有别，但它们在中-新生代尤其是燕山期则总体呈现出统一挤压冲断构造体系的演化特点，共同铸成了六盘山弧形冲断构造体系的基本构造面貌，并在晚白垩世以来经历了早白垩世六盘山盆地的褶皱回返、第三纪差异断陷和喜山晚期以来走滑冲断构造作用，自南向北依次发育形成了几个由西南向东北方向推挤的弧形构造冲断席：西南华山冲断席、香山冲断席、烟筒山冲断席和牛首山罗山冲断席等(图1-12)。

（二）盆地西缘主要断裂带特征及其构造边界

鄂尔多斯(地块)盆地西缘具有重要区划意义的主干断裂带自南向北主要包括：海原(西南华山)断裂、青铜峡-固原断裂和沙井子断裂。

1. 海原(西南华山)断裂

该断裂位于祁连构造带北缘，区域上由甘肃毛毛山、黄家洼山东延伸至海原县西华山-南华山、马东山和泾源，呈弧形由NWW向转近SN向延伸，并经宝鸡向东与北秦岭构造带北缘的洛南-栾川断裂相连接，属祁连-秦岭构造带与华北地块南缘构造带西段河西走廊过渡带之间的分界断裂。实际上它也是曾长期作为元古代以来北祁连海槽与华北地块之间的台槽分界线，断裂带两侧元古代以来尤其是中晚元古代-早古生代具有完全不同的地层与沉积、岩浆活动、变质作用和构造变形特征。在区域上，海原断裂带是一条断面南西倾、自西南向北东方向冲断的推覆构造带，地表断面倾角为60°~80°，它在西南华山地区切穿了元古界至第四系所有地层，并常见元古界海原群逆冲于第三系之上，破碎带和产状陡立带

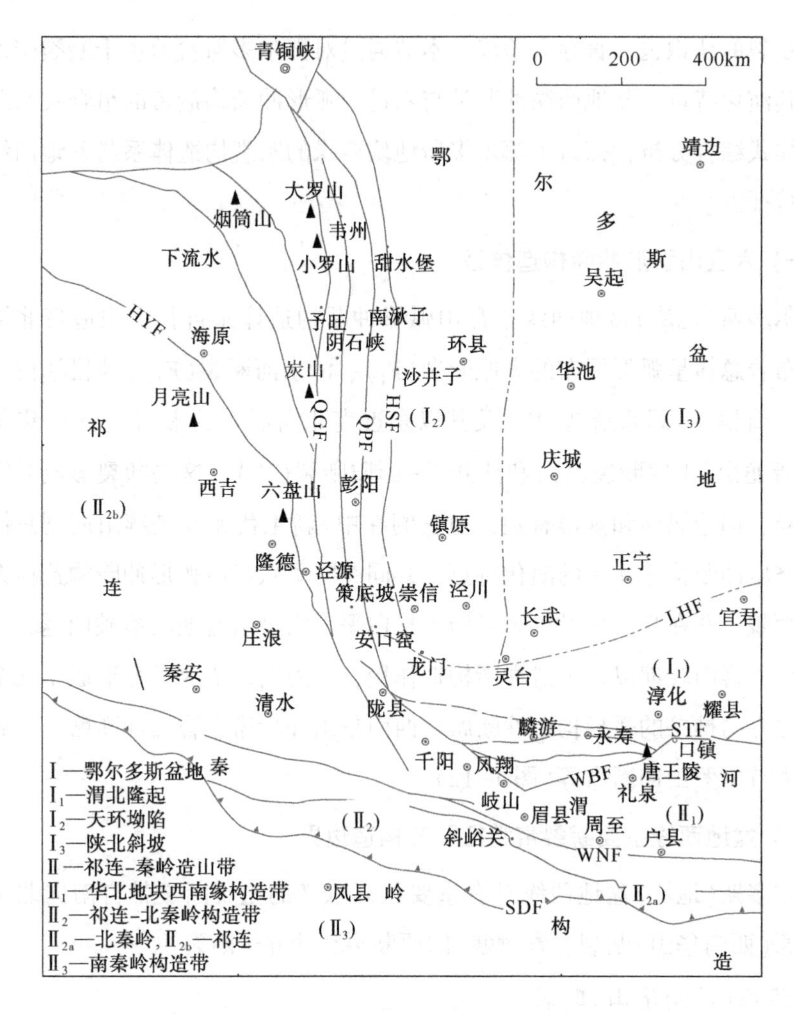

图 1-12 鄂尔多斯盆地西缘断裂构造体系

SDF—商丹断裂带；STF—圣人桥-潼关断裂；

LHF—灵台-黄陵断裂；HYF—海原断裂；QGF—青铜峡-固原断裂；

QPF—青龙山-平凉断裂；HSF—惠安堡-沙井子断裂；

WNF—渭河断陷南缘断裂；WBF—渭河断陷北缘断裂

有几十米至百米宽，沿断裂带有超基性岩、花岗岩分布，且具急剧的重力梯度变化，属于切割岩石圈的区域性主干大断裂。该断裂形成于晋宁期，早古生代沉积在断裂两侧明显差异，断裂南侧的下古生界主体是一套以岛弧环境为主体的建造组合，北侧则多为大陆边缘斜坡和陆架环境的沉积；断裂带在加里东期至喜马拉雅期均有活动。

2. 青铜峡–固原断裂

区域上，该断裂由甘肃龙首山向东经查汗布鲁克延伸至青铜峡，然后向南偏转呈近南北向经牛首山、大小罗山至固原–宝鸡一带，呈向北凸出的弧形展布，长达580km。根据物探资料，罗山以南区段，该断裂表现为明显的重力阶梯，断裂东侧隆升、西侧为埋深1600m的洼陷或槽形谷地。在罗山、云雾山等前中古生代基岩出露地段均可见及断裂露头，断面西倾，倾角80°左右，切穿中上元古界，但未见太古代–古元古代地层出露，推测其断裂切割深度明显不及西南华山断裂带。断裂两侧地层发育特征有别，尤其是下古生界海相层系在断裂东、西两侧差异明显，构成华北地台陆架和陆坡之间的重要沉积–构造分界，但不具有类似海原断裂的槽–台分界特点。该断裂向南延伸在固原–宝鸡一带归并于海原(西南华山)断裂，继续向东与洛南–栾川断裂相连，断裂两侧下古生界沉积特征、岩相建造、变质作用和岩浆活动等存在明显差异，表明该断裂可能形成于前加里东期，但加里东期构造活动最为剧烈，华力西期、印支期、燕山期至喜山期均有活动。

3. 沙井子断裂

该断裂位于鄂尔多斯盆地西缘明显断露前中生代基岩的青龙山–平凉断裂以东，主体表现为一隐伏断裂，仅在萌城至彭阳一线有局部断续出露，甜水堡水泥厂可见断裂西侧的奥陶系逆冲在断裂东侧的侏罗系之上。该断裂向南延伸至彭阳可与青龙山–平凉断裂归并，走向近南北，为一断面西倾的高角度逆断层；它在平凉以南的构造属性和走向上可与盆地南缘的草碧–圣人桥–潼关断裂相连。

区域地球物理资料揭示，沿断裂重力梯度明显，大致沿车道–萌城–平凉一线呈南北向延伸，为区域重磁场的明显分区界线，推测已切过太古代基底，构成华北(鄂尔多斯)地块西南缘构造带与鄂尔多斯盆地或稳定台地的构造分界。断裂以西古生界、中生界甚至新生界均发生了构造变形，断裂以东不同时代的地层均呈水平状分布，故将该断裂作为鄂尔多斯盆地西缘的构造边界。

(三) 盆地西缘的平凉构造走滑冲断转换带特征

鄂尔多斯盆地西缘南段的青铜峡–固原断裂与青龙山–平凉断裂至惠安堡–沙井子断裂之间的近南北走向的高角度冲断带，是一个多期活动且主体受控于走廊-六盘山弧形构造东缘的走滑构造转换带。受喜山期六盘山冲断构造系的叠加改造，燕山期原始构造面貌不清。但据地表露头、地震资料及重力资料显示，该区在燕山期仍为一强烈变形的褶断带。

（1）该构造带在CEMP和地震地质解释剖面上（图1-13），总体表现为高角度走滑冲断带的构造样式，且可见白垩系角度不整合覆于下古生界及其元古界之上，反映在白垩纪沉积前在该带存在侏罗纪末的褶断带。

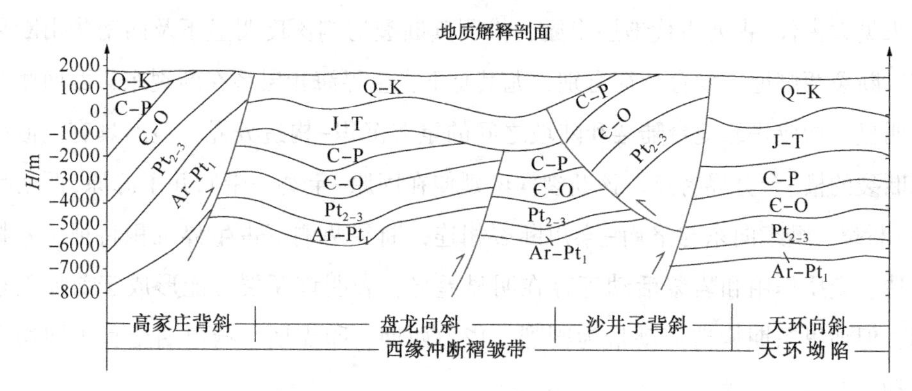

图1-13　盆地西缘沙井子地区03CEMP02测线地震地质解释剖面

（2）在沙井子-平凉一带可以看到一系列由侏罗系和三叠系组成的向斜与背斜构造，其上被白垩系或第三系角度不整合覆盖（图1-14）。区域构造分析显示，这些褶皱-冲断构造主要形成于侏罗纪末，从而导致白垩系与下伏侏罗系之间的高角度不整合接触关系。

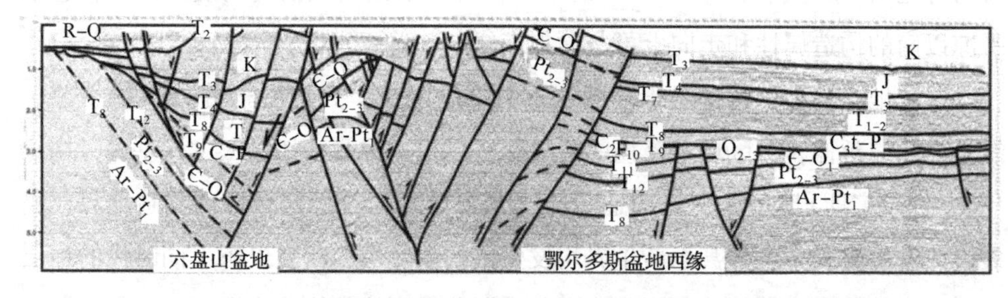

图1-14　盆地西缘南段02XY01地震剖面与平凉构造走滑冲断带特征

（3）重力场特征反映该带总的来看推覆构造特征不明显，而以高角度的冲断构造为主。花状构造发育说明走滑构造为其主体，这种走滑构造是喜马拉雅期构造作用叠加于晚侏罗世末的燕山期褶断构造上的具体表现。

第二节 沉积建造序列与构造层序格架

鄂尔多斯盆地经历古生代构造环境下的陆表海-滨浅海沉积、中生代构造环境下的内陆河湖相沉积以及新生代以来的多旋回抬升-改造。因此，对盆地东北部的沉积建造序列按照古生代以及中-新生代不同构造环境下沉积的地层分析叙述。在此基础上，结合野外地层接触关系，不整合界面类型以及其时-空分布特征与区域构造事件的关系，综合构建研究区中-新生代的构造层序框架。

一、沉积建造序列

(一) 上古生界

鄂尔多斯盆地东北部二叠系及其下伏的上石炭统地层构成了上古生界滨浅海-滨海沼泽相暗色含煤碎屑岩以及内陆河湖相杂色碎屑岩沉积地层。上古生界内部各组之间大多以整合接触关系为主(表1-1)。

1. 石炭系

盆地东北部主要发育上石炭统本溪组沉积，缺少下石炭统沉积地层，在上石炭本溪组与奥陶系马家沟组之间存在区域性的风化壳。本溪组可进一步划分为三段：上段称为晋祠段，由灰褐色-灰白色石英砂岩组成；中段称为畔沟段，主要为海相灰岩与碎屑岩互层沉积；下段称为湖田段，海水变深，水动力变弱，由杂色的铁铝质泥岩构成。

2. 二叠系

下二叠统(P_1)太原组-山西组和中二叠统(P_2)石盒子组以及上二叠统(P_3)石千峰组构成了盆地东北部二叠系地层沉积建造序列。

下二叠统太原组沉积时期研究区所在的鄂尔多斯盆地以相对稳定台地型的滨浅海相或滨海沼泽相沉积为主，主要发育灰白色细砂岩与暗色泥岩(煤层)相间的沉积建造组合，并可自下而上进一步分为毛儿沟段和东大窑段。其中，毛儿沟段地层在底部灰白色石英砂岩与上部斜道灰岩之间发育7#~8#煤系地层；东大窑

表 1-1 上古生界地层沉积单元及其划分对比

A. 盆地及其东缘地层单元					沉积建造与标志层	地震界面	B. 盆地北缘地层单元	
系	统	组	段				组	沉积建造
T_1		刘家沟组				—T_T—		
二叠系	上二叠统	石千峰组(P_3s)	千 1/(Q_1)		含钙质结核砂泥岩互层		老窝铺组	暗紫红色含砾粗砂岩、砖红色钙质泥岩、暗紫色砂/泥岩、含砾粗砂岩/砾岩
			千 2/(Q_2)			—T_{PQ2}—		
			千 3/(Q_3)					
			千 4/(Q_4)					
			千 5/(Q_5)		K_8 砂岩			
	中二叠统	上石盒子组(P_2s)	盒 1/(H_1)		燧石层	—T_{PQ5}—	脑包沟组	暗紫色砂岩/泥岩、灰紫色砂岩、砂砾岩/砾岩
			盒 2/(H_2)		暗紫色砂/泥岩			
			盒 3/(H_3)		粉砂岩/泥岩			
			盒 4/(H_4)		砂岩/砂砾岩			
		下石盒子组(P_2x)	盒 5/(H_5)		桃花泥岩	—T_{P5}—	石叶湾组	杂色砂岩夹火山碎屑熔结凝灰岩、长石岩屑砂/泥岩、厚层泥岩/砂砾岩
			盒 6/(H_6)		砂/泥岩互层			
			盒 7/(H_7)					
			盒 8/(H_8)		骆驼脖子砂岩(K_4)			
	下二叠统	山西组(P_1s)	山 1(S_1)	下石村段	泥岩-砂岩夹煤层	—T_{P8}—	杂怀沟组	湖沼相碳质页岩、凝灰质砂泥岩、夹煤层(含砾)粗砂岩
					S_5 砂岩			
			山 2(S_2)	北岔沟段	1#~2#煤夹砂岩	—T_{P9}—		
					冀家沟砂岩 3#~5#煤与砂岩互层	—T_{P10}—		
					北岔沟砂岩(K_3)			
		太原组(P_1t)	太 1(T_1)	东大窑段	海相泥岩		拴马桩组	凝灰质砂泥岩、夹煤层凝灰岩/凝灰砂岩、石英砂岩/砾岩
					东大窑灰岩 6#煤 七里沟砂岩			
			太 2(T_2)	毛儿沟段	斜道灰岩 7#煤/上马兰砂岩 毛儿沟(保德)灰岩 8#煤 下马兰(桥头)砂岩			滨海近岸-湖沼相煤系层含砾石英砂岩、砾岩
					庙沟灰岩			
石炭系上统		本溪组(C_2b)	本 1(B_1)	晋祠段	9#~10#煤层	—T_{C2}—		
					吴家峪(扒楼沟)灰岩 11#煤 晋祠砂岩(K_1)	—T_{C3}—		
			本 2(B_2)	畔沟段	畔沟(张家沟)灰岩	—T_C—		障壁海岸-湖沼相泥灰岩、铁铝岩
				湖田段	铁铝岩层			
下古生界奥陶系下统马家沟组(O_1m)							二哈公组-乌兰胡洞组	

段沉积地层以底部的七里沟砂岩及顶部的东大窑灰岩及海相泥岩为主，其间发育6#煤系地层。

在研究区北缘乌拉山-大青山地区沉积了同时期的拴马桩组地层，其底部发育粗碎屑含砾石英砂岩或砾岩沉积，顶部发育滨海沼泽相煤系地层。

下二叠统山西组沉积时期继承了太原组沉积时期的滨浅海-滨海沼泽相沉积环境，主要发育砂岩与泥岩(煤层)互层的沉积序列，由下段的北岔沟和上段的下石村组合。其中，北岔沟段岩性以灰白色冀家沟和北岔沟砂岩为主，其间发育3#～5#和1#～2#煤层；下石村段主要发育泥岩-砂岩并夹有煤层。

同时期在研究区北缘乌拉山-大青山地区沉积了杂怀沟组地层，其底部为含砾粗砂岩，向上逐渐演变为湖泊-沼泽相碳质泥岩或页岩并夹有煤层。

中二叠统石盒子组沉积时期主要发育了海陆交互相-内陆河湖相沉积建造组合序列，主要包括了下石盒子组和上石盒子组沉积地层。

其中，下石盒子组以海陆交互相沉积为主，底部发育骆驼脖子杂色细-中粒砂岩及其顶部的桃花泥岩。同时，在研究区北缘乌拉山-大青山地区沉积了石叶湾组地层，其底部发育厚层的泥岩或砂砾岩，向上演变为杂色砂岩，并夹有火山碎屑岩。

上石盒子组以内陆河湖相沉积为主，底部发育砂岩或砾岩，向上过渡为砂-泥岩互层，顶部发育燧石层。在乌拉山-大青山地区与之相应的沉积地层为脑包沟组，沉积组合序列与上石盒子地层基本相同。

上二叠统石千峰组沉积时期同样以内陆河-湖相沉积环境为主，发育暗紫红色细-粉砂岩与暗色泥岩交互沉积的建造组合序列。其底部粗碎屑含砾砂岩，向上变为砂岩与泥岩互层，并含有钙质结核。

(二) 中生界

鄂尔多斯盆地由古生代沉积构造环境进入中生代沉积构造环境，在内陆河-湖相沉积背景下，分别沉积了三叠系-白垩系建造组合序列(图1-15)。沉积地层的岩石组合在剖面上红黑分明，红色或杂色地层为中下三叠统(T_{1-2})以及中上侏罗统(J_{2-3})的沉积碎屑岩，并在中侏罗统(J_2)安定组及其上覆地层下白垩统(K_1)志丹群内发育凝灰岩夹层。黑色沉积地层主要在上三叠统(T_3)延长组至下侏罗统

(J_3)延安组中发育煤层或含煤碎屑岩沉积组合。

1. 三叠系

盆地东北部三叠系地层由下往上分别由下三叠统(T_1)和尚沟组-刘家沟组、中三叠统(T_2)纸坊组/二马营组、上三叠统(T_3)延长组等沉积地层构成。

根据盆地东北部探井的岩屑录井及野外露头剖面显示，研究区下三叠统和尚沟组-刘家沟组残余地层厚度约400m，岩性组合主要表现为内陆河湖相氧化还原环境下沉积的灰紫色-暗紫色中细粒长石砂岩与暗紫红色-砖红色砂质泥岩互层，局部夹有砂岩透镜体或绿色泥岩条带，并不见油气显示。

研究区中三叠统纸坊组/二马营组残余地层厚度约330m，略薄于其下伏残存的和尚沟组-刘家沟组地层。以主要岩性分可分为两段，下段岩性较粗，以灰绿色或紫红色砂岩为主，并夹有灰紫色-暗紫色砂质泥岩，局部可见砾岩；上段岩性相对较细，以泥岩为主，其间夹有灰绿色或灰红色中粒-细粒砂岩，并不见油气显示。

研究区上三叠统延长组为三叠系残余地层中最厚的地层，厚度约800m，岩性总体呈现以灰绿色-灰白色中细粒长石砂岩为主，局部夹有暗色泥岩或煤线，可进一步由下往上划分为三段：下段以灰绿色或灰白色中细砂岩夹厚层暗色泥岩为主，研究区南部可见暗色泥页岩；中段以灰绿色中厚块状砂岩为主，夹有砂质泥岩；上段以暗灰色细-粉砂岩夹泥岩为主，顶部发育煤层。研究区南部的子长地区上三叠统延长组见油气显示，并发现工业性油藏。

2. 侏罗系

盆地东北部侏罗系地层由下往上分别由下侏罗统(J_1)富县组-延安组、中侏罗统(J_2)直罗组/安定组构成，且普遍缺失上侏罗统(J_3)地层。

研究区大部分发育下侏罗统(J_1)富县组-延安组地层，在研究区南部子长地区可见富县组-延安组地层以微角度不整合或平行不整合与下伏的三叠系延长组接触。

富县组地层岩性以灰黄或灰褐色砂岩与暗紫色砂质泥岩或泥岩互层为主，其下部发育1m左右的炭质泥岩。延安组发育工业性可开采的煤层，岩性以灰白色中-细砂岩、灰黑色粉砂质泥岩为主，夹有少量黑色页岩。

中侏罗统(J_2)由直罗组/安定组构成，并与下伏的延安组以平行整合接触。直罗组地层岩性由下往上逐渐变粗，分别为砂砾岩、浅灰色中-细砂岩与紫红色泥岩互层、暗紫色泥岩。安定组地层岩性以暗紫色泥岩与浅灰色细砂岩互层、局部夹有泥岩为主。

3. 白垩系

盆地东北部普遍发育下白垩统地层，缺失上白垩统地层，且下白垩统地层以角度不整合与下伏的中下侏罗统地层相接触。下白垩统地层由志丹群组成，并可进一步划分为5个组，分别为泾川组、罗汉洞组、环河-华池组、洛河组和宜君组，且各组之间无明显的沉积间断，表现为连续沉积。总体岩性为一套紫红色或杂色的粗-细砂岩，局部发育粉砂岩或暗色泥岩/页岩。

（三）新生界

晚白垩世以来鄂尔多斯盆地进入全面抬升-改造阶段，并在周围发育了新生代沉积的断陷盆地，其沉积厚度可达10000m以上。鄂尔多斯盆地在长达1亿年的抬升剥蚀过程中，新近纪晚期，盆地东北部出现了构造反转现象，表现为以米脂-绥德为沉降中心发育了60~120m的红黏土沉积地层。第四纪黄黏土沉积以角度不整合覆盖在下伏地层之上。

二、构造层序格架

构造层是指在一定构造作用背景下限定在两个区域性古构造运动不整合界面之间，在较大范围可追踪对比、彼此相关的一套岩石地层组合单元或沉积建造单元。鄂尔多斯盆地中-新生代以来的构造层序格架、盆地演化-改造阶段与构造转换期次等，一直为大家关注、不断研究和深化，但至今仍存有争议的重要基础地质构造问题（崔盛琴等，2000）。依据近年来对区域地层组合、建造序列、不整合界面类型和区域构造体制转换事件及其构造事件年代学峰值年龄分布（后述）的综合认识，将鄂尔多斯盆地中-新生代以来发育的沉积地层自下而上划分为3个大的构造旋回层序：印支期旋回构造层序（TS_1）、燕山期旋回构造层序（TS_2）和喜山期旋回构造层序（TS_3），并进一步划分出与之相应的8个构造亚层；在此基础上，初步厘定了盆地沉积构造演化过程的3个主要成盆阶段和盆地后期改造过程的3个重要构造改造时期及其受控的与区域构造体制转换相关联的7个主要期次的不整合构造事件（图1-15）。

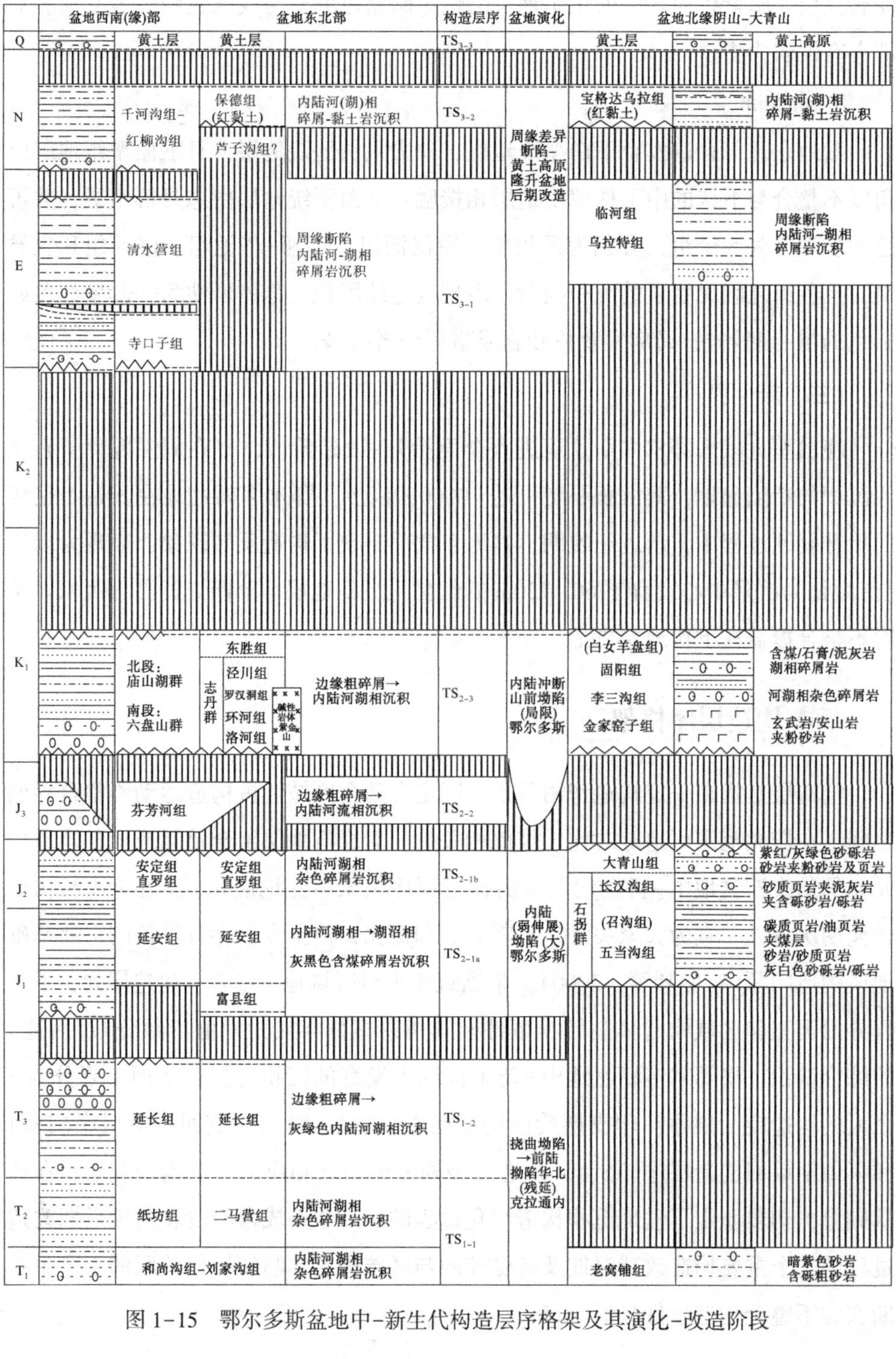

时代	盆地西南(缘)部	盆地东北部	盆地东北部	构造层序	盆地演化	盆地北缘阴山-大青山	盆地北缘阴山-大青山
Q	黄土层	黄土层		TS_{3-3}		黄土层	黄土高原
N	千河沟组-红柳沟组	保德组(红黏土) 芦子沟组?	内陆河(湖)相碎屑-黏土岩沉积	TS_{3-2}	周缘差异断陷-黄土高原隆升盆地后期改造	宝格达乌拉组(红黏土)	内陆河(湖)相碎屑-黏土岩沉积
E	清水营组 寺口子组		周缘断陷内陆河-湖相碎屑岩沉积	TS_{3-1}		临河组 乌拉特组	周缘断陷内陆河-湖相碎屑岩沉积
K_2							
K_1	北段：庙山湖群 南段：六盘山群	东胜组 志丹群：泾川组、罗汉洞组、环河组、洛河组 碱性岩体紫金山	边缘粗碎屑→内陆河湖相沉积	TS_{2-3}	内陆冲断山前坳陷(局限)鄂尔多斯	(白女羊盘组) 固阳组 李三沟组 金家窑子组	含煤/石膏/泥灰岩湖相碎屑岩 河湖相杂色碎屑岩 玄武岩/安山岩夹粉砂岩
J_3	芬芳河组		边缘粗碎屑→内陆河流相沉积	TS_{2-2}			
J_2	安定组 直罗组	安定组 直罗组	内陆河湖相杂色碎屑岩沉积	TS_{2-1b}	内陆(弱伸展)坳陷(大)鄂尔多斯	大青山组 石拐群：长汉沟组	紫红/灰绿色砂砾岩砂岩夹粉砂岩及页岩 砂质页岩夹泥灰岩夹含砾砂岩/砾岩
J_1	延安组	延安组 富县组	内陆河湖相→湖沼相 灰黑色含煤碎屑岩沉积	TS_{2-1a}		石拐群：(召沟组) 五当沟组	碳质页岩/油页岩夹煤层 砂岩/砂质页岩 灰白色砂砾岩/砾岩
T_3	延长组	延长组	边缘粗碎屑→灰绿色内陆河湖相沉积	TS_{1-2}	挠曲坳陷→前陆拗陷华北(残延)克拉通内		
T_2	纸坊组	二马营组	内陆河湖相杂色碎屑岩沉积	TS_{1-1}			
T_1	和尚沟组-刘家沟组		内陆河湖相杂色碎屑岩沉积			老窝铺组	暗紫色砂岩含砾粗砂岩

图 1-15 鄂尔多斯盆地中-新生代构造层序格架及其演化-改造阶段

（一）TS_1 构造层序

主要包括上三叠统和中下三叠统（有可能下延至上二叠统石千峰组），该构造层序的顶部以低角度不整合或平行不整合关系被中下侏罗统富县组-延安组覆盖，属于印支期旋回构造层序。考虑到该构造层序内部的上三叠统与中下三叠统之间普遍存在平行不整合界面关系，进一步将其划分为两个亚构造层序：TS_{1-1}和TS_{1-2}。其中，TS_{1-1}亚构造层序由下三叠统和尚沟组-刘家沟组和中三叠统纸坊组组成；TS_{1-2}亚构造层序为上三叠统延长组。

（二）TS_2 构造层序

主要由中下侏罗统富县组-延安组-直罗组-安定组、部分残存的上侏罗统和下白垩统构成，部分地区发育有下侏罗统富县组。底界面以区域性的平行不整合或侵蚀不整合关系与印支构造层接触，顶界面以区域性的角度不整合与古近系（盆地西部）或新近系红黏土层（盆地东北部）接触，属于燕山期旋回构造层序。依据该层序内部的沉积建造组合特征及其地层界面关系，该构造层序实际上至少可划分为 3 个亚构造层序：TS_{2-1}、TS_{2-2}和 TS_{2-3}。其中，TS_{2-1}主要包括中下侏罗统富县组-延安组和中侏罗统直罗组-安定组，由中下部以富县组-延安组为主的含煤灰（白）色（细）砂岩、暗色泥岩夹炭质页岩内陆河湖相沉积旋回层（TS_{2-1a}）和中上部直罗组-安定组黄绿色、紫红色块状中-粗粒长石砂岩夹杂色泥岩、长石砂岩、杂色泥岩和（粉）细砂岩及暗色泥岩夹白云质泥灰岩沉积旋回层（TS_{2-1b}）组成，上、下两套旋回层之间多呈平行不整合接触关系。TS_{2-2}主要由现今局限分布在盆地西南缘的上侏罗统芬芳河组活动型粗碎屑岩沉积组成，与其下伏中侏罗统或中下侏罗统及其更老层系之间多为角度不整合或平行不整合关系。TS_{2-3}则主要由盆地西部和南部分布的活动型粗碎屑沉积及其向盆地中东部渐变为细碎屑稳定型沉积的下白垩统志丹群组成，盆地西南部的下白垩统与其下伏上侏罗统或中下侏罗统及其更老层系之间多呈现类似造山性质的显著角度不整合接触关系；但在盆地中东部地区，中东部的TS_{2-2}构造亚层和东部的TS_{2-3}构造亚层基本上属于因后期强烈剥蚀而几乎消失殆尽了的层序单元。

（三）TS_3 构造层序

主要由新生代古近系、新近系-第四系组成，相当于喜山期旋回构造层序。

其中至少包含3个亚构造层序：TS_{3-1}、TS_{3-2}和TS_{3-3}。TS_{3-1}在盆地中西部和周缘断陷中广泛发育，主要为发育在盆地西南部-西南缘的古近系寺口子组和清水营组；TS_{3-2}在盆地东北部及盆地南部发育较好，主要由新近系保德组红黏土沉积组成；TS_{3-3}为区域普遍发育的冲积-洪积砂砾岩和黏质砂土第四系。

因此，依据上述鄂尔多斯盆地中-新生代构造旋回层序划分结果，盆地东北部在演化-改造过程中至少经历了晚三叠世延长组(TS_{1-2})与早侏罗世富县组(TS_{2-1})、下侏罗统延安组(TS_{2-1a})与中侏罗统直罗组/安定组(TS_{2-1b})、上侏罗统芬芳河组(TS_{2-2})与下白垩统志丹群(TS_{2-3})、下白垩统志丹群(TS_{2-3})与古近纪(TS_{3-1})、新近纪(TS_{3-2})与第四纪(TS_{3-1})等5期不整合(动-热转换)事件。

较为重要的区域性构造不整合事件发生在晚侏罗世至早白垩世，并在盆地的东北部和西南部留下了不同的地质记录。在盆地的东北部主要表现为区域隆升背景下的构造掀斜-剥蚀作用，并在构造层序之间呈现为平行不整合接触关系，且这次隆升-剥蚀与向盆地腹部掀斜构造作用至少持续到新近纪(3~8Ma)红黏土沉积之前。盆地西南部构造层序表现为强烈构造作用下的角度不整合接触关系。因此，这次区域性构造事件在盆地不同构造单元作用的强度和形式还存在一定的差异。

第三节 “不整合”构造事件及其地质响应特征

地层不整合关系和活动性粗碎屑沉积是盆地演化过程中往往相伴而生的一种貌似简单、实则具有丰富地质内涵的地质现象(夏邦栋等，1989；郝杰和李日俊，1993)，尤其是区域规模的大型不整合关系通常与盆地构造动力学环境的转换密切相关，不同类型和级次的区域性地层不整合关系，不只反映了不同沉积构造环境下沉积层系的堆叠方式和结构样式，实际上还蕴含了不同级次和属性的重要构造事件信息，代表了盆地构造-演化过程中经历的重要地质事件，或称为“不整合”(动-热转换)事件。因此，分析区域“不整合”事件的时空有序结构及其沉积构造响应，不仅有助于深刻理解盆地演化受控的关键构造事件及其属性，同时有可能为构造事件的定量年代学分析提供重要的地质约束。

 印支期“不整合”构造事件

印支期，鄂尔多斯盆地受西南部秦-祁碰撞造山作用以及华北克拉通走滑挤压影响，沉积盆地边界开始向盆地腹部退缩，并在其东部发育三角洲相和河流相碎屑岩沉积，西南部的六盘山地区发育冲积扇沉积。该时期三叠系内部多为连续沉积，唯有上三叠统与下侏罗统之间发育区域性的平行不整合关系。盆地西南部边缘紧邻秦-祁造山带北麓的反S形构造转折弧形隆起带，上三叠统 T_3 与其下伏的下侏罗统 J_1 以平行不整合关系接触，局部地区以角度不整合关系接触。盆地东北部则主体呈现构造差异隆升作用，造成印支期旋回构造层序（TS_1）与其上覆燕山期旋回构造层序（TS_2）之间的平行不整合接触关系，同时在榆林-紫金山地区可见印支期构造层序内亚层序（TS_{1-1}）与亚层序（TS_{1-2}）之间的平行不整合（图 1-16）。

因此，鄂尔多斯盆地中生代早期的区域沉积-构造事件主要发生在晚印支期，并伴随盆地西南缘晚三叠世的粗碎屑沉积和盆地东北部三角洲相碎屑岩沉积。主体显示出受控于印支期秦-祁碰撞造山带北缘向盆地方向构造应力递变过程的沉积-构造响应特征。

 燕山期“不整合”构造事件

华北板块在燕山期（J_{1-2}）呈现为东部隆升、西部沉降，此时盆地沉积边界进一步向盆地腹部缩小，在盆地及其西南缘的六盘山地区发育了一套区域性的含煤系地层的碎屑岩沉积（主要位于 J_{1-2} 延安组、直罗组和安定组）。且 J_{1-2} 层系内部各层组之间以整合关系接触，仅在部分地区可见延安组与直罗组（TS_{2-1a} 与 TS_{2-2b}）之间的平行不整合接触关系（图 1-16），总体呈现为区域相对稳定的弱伸展坳陷型沉积构造环境。

燕山中期，在华北东部持续隆升背景下，晚侏罗世-早白垩世沉积范围继续向西退缩，鄂尔多斯盆地腹部的上侏罗统（TS_{2-2}）与下白垩统（TS_{2-3}）总体呈现为相对稳定的内陆河湖相沉积，两套层系之间多为平行不整合关系，向盆地东部斜坡方向可见下白垩统以平行不整合或局部低角度不整合关系叠覆在前白垩纪不同

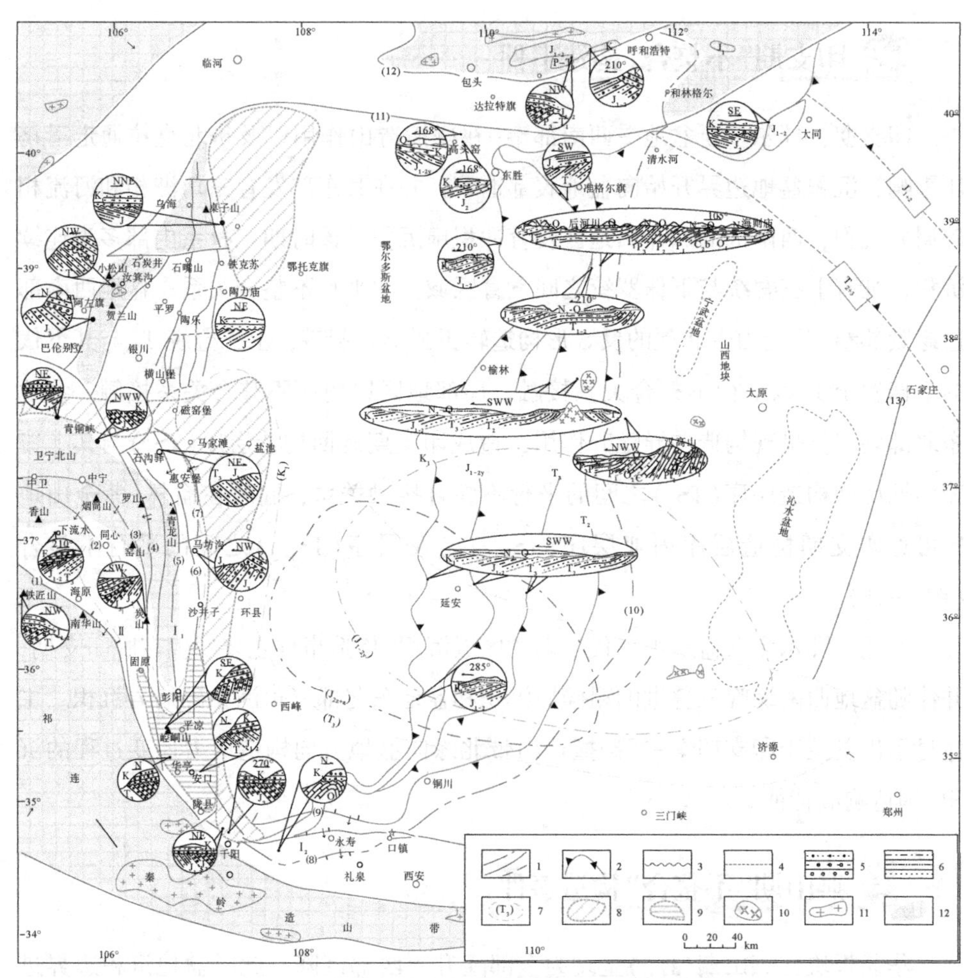

图 1-16 鄂尔多斯盆地中生代沉积构造演变与“不整合”分布特征

1—断裂/构造边界；2—地层尖灭线；3—角度不整合；4—平行不整合；

5—活动型粗碎屑沉积；6—稳定型砂泥岩沉积；7—沉积中心；

8—晚侏罗世-早白垩世沉降中心；9—晚三叠世沉降中心；

10—早白垩世碱性杂岩；11—中生代花岗岩；12—古隆起

沉积层系之上，并在盆地东缘的紫金山地区伴随有早白垩世的构造岩浆活动，以及盆地东部边缘离石走滑断裂带附近沉积层系的宽缓挤压变形，显示出盆地中东部地区燕山中期的构造掀斜-走滑抬升效应。与此同时，受秦-祁造山带燕山中期强烈的陆内造山作用影响(张国伟等，2001；赵越等，2004；刘池洋等，2006；张岳桥和廖昌珍，2006；任战利等，2022)，盆地西南缘发生了以逆冲推覆为主要表现形式的陆内变形，造成六盘山弧形隆起区中下侏罗统的强烈剥蚀和上侏罗统的普遍缺失，以及弧形隆起前缘沉降区上侏罗统芬芳河组的活动型粗碎屑沉积，下白垩统志丹群、六盘山群和庙山湖群等地层单元下段的粗碎屑沉积层系则以明显的角度不整合关系覆盖在变形强度不等的前白垩纪不同沉积层系之上（图 1-16）。

燕山晚期，鄂尔多斯盆地持续隆升-剥蚀，并在盆地的东北部地区缺失了将近 1 亿年的沉积地层记录。盆地西部区域可见下白垩统（TS_{2-3}）与古近系（TS_{3-1}）之间的角度不整合关系（图 1-16），中东部地区的下白垩统则被新近系不整合覆盖。因此，下白垩统顶部的区域不整合界面暗示，鄂尔多斯盆地在早白垩世末已基本消亡，并由此开始了晚燕山期以来较长地质时期的后期抬升改造过程。

三、喜山期“不整合”构造事件

新生代，鄂尔多斯盆地受到西南部青藏高原持续隆升的远程效应影响以及华北板块东部的伸展走滑作用，使盆地的抬升-改造作用没有停止，并呈现为盆地主体隆升-剥蚀和周缘断陷沉积的局面（任纪舜等，1997；张国伟等，2001；翟明国等，2002，2003，2004；赵越等，2004；刘池洋等，2006）。厚逾千米的新生代沉积主要发育在盆地周缘的六盘山、银川、河套和汾-渭等新生代周缘断陷盆地；盆地主体部分则普遍缺失古近纪沉积，厚度为 40～120m 的新近纪（3～8Ma）的红黏土沉积主要发育在六盘山弧形隆起带前缘的盆地西南部和盆地东部地区（图 1-17），厚度为 10～50m 的第四纪黄土层覆盖了盆地及其周邻较大区域范围。

因此，晚白垩世以来鄂尔多斯盆地实际上一直总体处于构造抬升改造状态，仅在新近纪（3～8Ma）的红黏土沉积期经历了幅度不大的短暂沉降，而且这次沉降作用明显不同于中生代盆地东隆、西降面貌，而主体表现为西北隆起、东南沉降的沉积构造特点，并形成了盆地内部新近系或第四系与下白垩统及其下伏地层单元之间的不整合关系，造成鄂尔多斯盆地晚白垩世以来将近 1 亿年沉积历史记录的缺失；但在盆地周缘断陷区域，则不同程度地发育下白垩统与古近系之间、古近系与新近系或第四系之间等多个不整合界面，暗示盆地区域晚白垩世-新生代的构造抬升-剥蚀可能并非一个均匀连续的过程，有可能是多期次构造事件作用背景下多旋回差异隆升的综合作用结果。

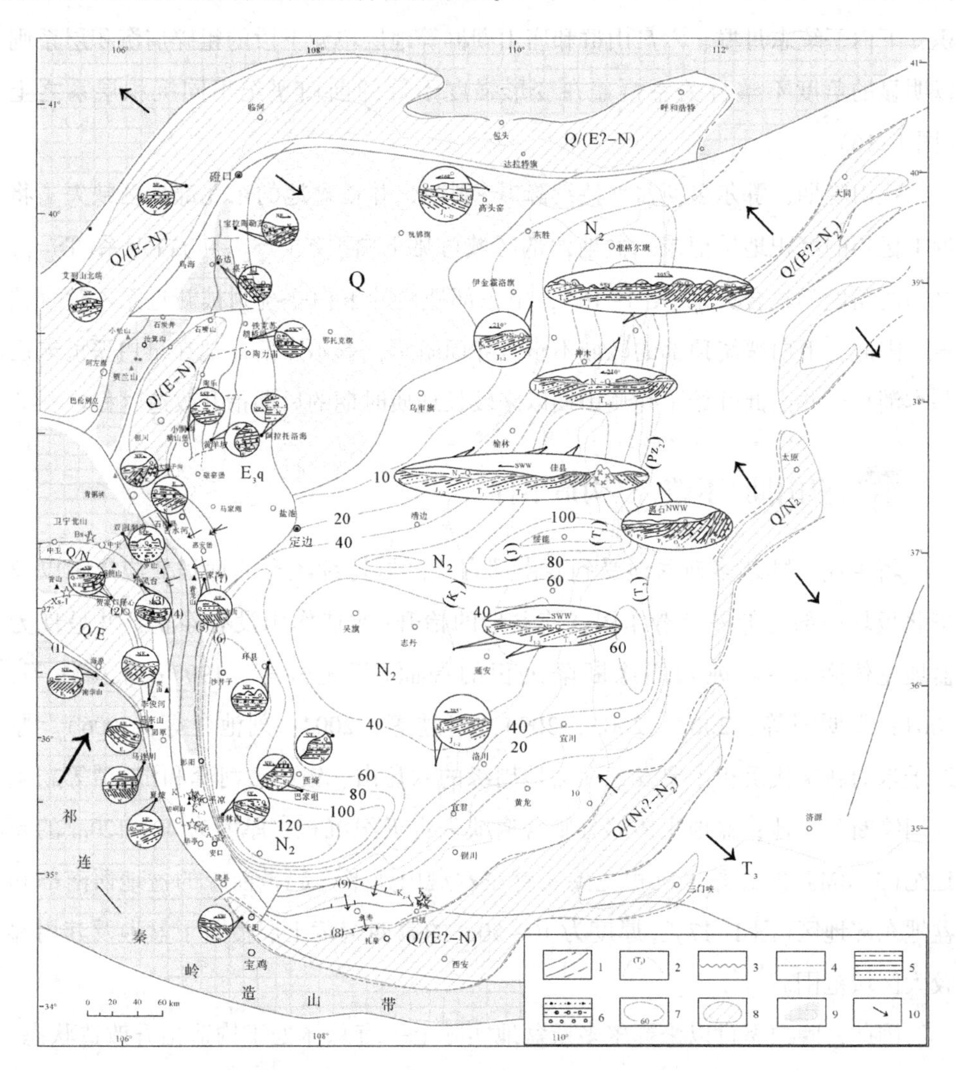

图 1-17　鄂尔多斯盆地新生代沉积构造格架与“不整合”分布特征

1—断裂带与构造边界；2—不同层系残存边界；3—角度不整合；4—平行不整合；5—稳定型砂泥岩沉积；6—活动型粗碎屑沉积；7—新近纪红黏土厚度/m；8—新生代断陷；9—古隆起；10—构造应力方向

第二章

盆地东北部构造事件与差异隆升过程

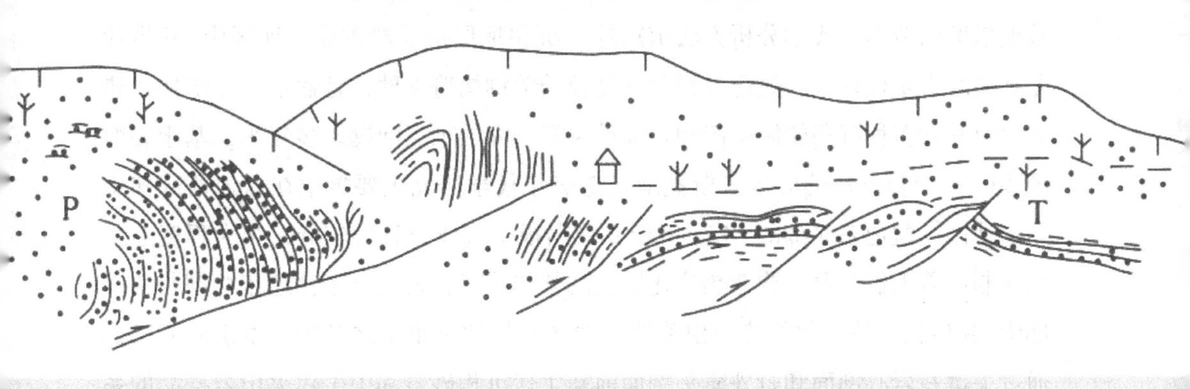

第一节　中-新生代构造事件的年代学记录

鄂尔多斯盆地(Ⅰ)东北部及其相邻区域的基本构造单元主要包括(图 2-1)盆地东部的陕北斜坡($Ⅰ_1$)、东缘的晋西挠褶带($Ⅰ_2$)和北部的伊盟隆起($Ⅰ_3$)，晋西挠褶带与吕梁隆起($Ⅲ_1$)之间的离石走滑断裂带(Ⅱ)总体上构成了鄂尔多斯稳定陆块与华北克拉通中部(太行-吕梁)活动带(Ⅲ)的构造分界(杨俊杰，2002；陈刚等，2005；赵国春，2009；邓晋福等，2007)。盆地东缘的晋西挠褶带及其以西的陕北斜坡主体呈现为向盆地西部前渊坳陷带缓倾的构造掀斜面貌，新近系或第四系以低角度不整合关系自东向西依次覆盖在上古生界-中生界的不同层系之上，其间普遍缺失晚白垩世-新近纪早期将近 100Ma 的沉积地层记录。如何有效地借助构造热年代学分析方法示踪这一沉积地层记录严重缺失地区中-新生代尤其是晚中生代以来的演化过程及其受控的关键构造事件，是盆地东北部构造热演化及其与多种沉积能源矿产耦合成矿关系研究的难点问题。多年来，基于裂变径迹(FT)分析方法的鄂尔多斯盆地构造热年代学研究主要集中在盆地西部和中南部地区，盆地东北部的 FT 分析样品数据很少且研究程度较低，很大程度上影响和制约着人们对盆地构造热演化历史的整体认识，人们对于盆地东北部与西南部中-新生代构造演化的统一相关性和地区差异性更是知之甚少。本次研究尝试通过关键井岩心剖面和野外露头剖面前新生代沉积砂岩和中生代火山岩样品的系统采集，以及两类岩石样品的锆石、磷灰石 FT 测试分析和火山岩样品的同位素测年，结合该区已有报道的部分 FT 分析数据，综合探讨鄂尔多斯盆地东北部中-新生代构造演化事件的峰值年龄分布特征及其与区域地层不整合事件的对比关系，为盆地中-新生代构造演化事件的整体规律认识和区块间对比关系研究提供更窄时间域的定量年代学约束。

 样品测试数据解析

(一) 裂变径迹测试数据

对鄂尔多斯盆地东部斜坡带的 3 口古生界钻井和包括晋西挠褶带在内的盆地

东北缘露头区的上古生界和中生界不同层段分别采集了一系列砂岩样品和火山岩样品(图 2-1)，在中科院高能物理研究所分别进行了锆石和磷灰石的 FT 分析。锆石和磷灰石样品的诱发裂变径迹密度分别为 $3.473\times10^5 cm^{-2}$ 和 $8.476\times10^5 cm^{-2}$，ξ 常数法径迹年龄计算过程采用的磷灰石和锆石的 Zeta 常数分别为 357.8±6.9 和 156.2±7.4，测试结果见表 2-1。

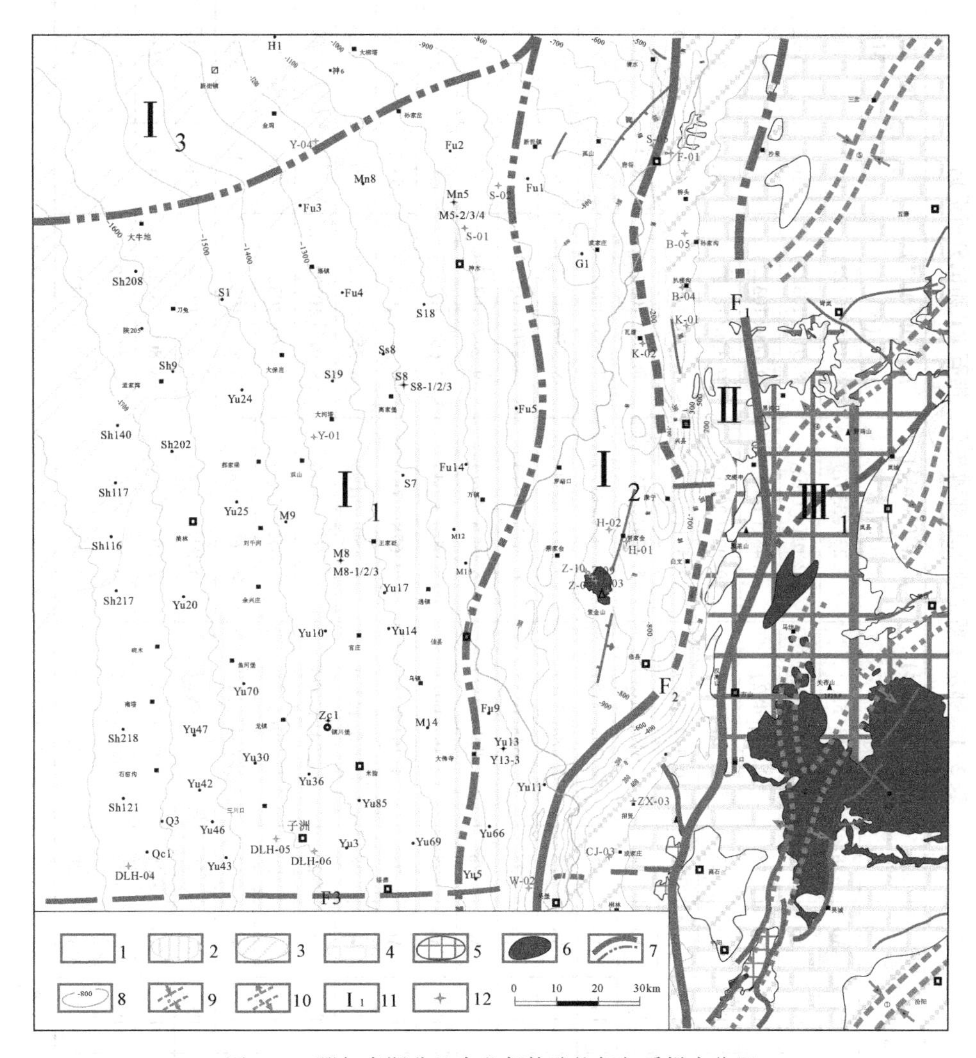

图 2-1　鄂尔多斯盆地东北部构造格架与采样点位置

1—下白垩统；2—三叠系-中下侏罗统；3—上石炭统-二叠系；4—寒武系-下奥陶统；5—前寒武系；6—火山岩体；7—断层及构造单元分区界线；8—石炭系顶面构造等值线/m；9—复向斜及编号；10—复背斜及编号；11—构造单元分区；12—采样点位置

表 2-1　鄂尔多斯盆地东北部磷灰石、锆石 FT 测试分析数据

	样品/层位/矿物			n	ρ_s/($10^5 cm^{-2}$) (N_s)	ρ_i/($10^5 cm^{-2}$) (N_i)	ρ_d/($10^5 cm^{-2}$) (N)	$P(\chi^2)$/%	中值年龄(±σ)/Ma	$L\pm\sigma$/μm(N)
野外露头样品	Z-03	K_1	Ap	28	1.413(515)	9.237(3367)	9.135(10322)	99.1	27±2	11.5±2.2(112)
	Z-06	K_1	Ap	28	0.784(52)	2.050(136)	8.911(10322)	100	65±11	11.5±2.1(36)
	Z-09	T_2	Ap	28	2.744(482)	8.431(1481)	9.000(10322)	81.4	56±4	11.5±2.1(108)
	Z-10	T_2	Ap	28	1.731(349)	9.925(2001)	9.358(10322)	68.6	31±2	11.4±2.1(109)
	Y-01	J_2	Ap	28	0.357(132)	7.311(2703)	9.470(10322)	100	8.9±0.8	11.0±2.5(61)
	Y-04	J_2	Ap	28	2.616(1161)	5.129(2276)	8.018(10322)	98.4	78±4	11.4±2.2(118)
	S-01	T_3	Ap	28	2.255(935)	5.347(2217)	7.683(10322)	0	57±5	11.3±2.0(116)
	S-02	J_2	Ap	28	2.488(551)	5.597(1239)	8.576(10322)	76.8	73±5	10.8±2.1(117)
	S-05	T_1	Ap	28	2.648(683)	6.362(1641)	9.470(10322)	2.5	79±6	11.5±1.8(106)
	F-01	P_2	Ap	28	2.229(1047)	8.042(3777)	9.247(10322)	0	50±4	11.5±2.3(115)
	B-04	P_2	Ap	28	2.367(991)	8.033(3364)	9.693(10322)	0	53±4	11.6±2.0(108)
	B-05	P_2	Ap	21	4.364(441)	9.678(978)	8.911(10322)	53.2	77±5	11.4±1.9(47)
	K-01	P_2	Ap	28	1.948(1151)	6.459(3816)	8.353(10322)	0	44±4	11.3±2.4(128)
	K-02	T_2	Ap	28	2.254(1208)	5.717(3064)	8.911(10322)	0	66±4	12.3±2.2(107)
	H-01	T_2	Ap	28	1.539(557)	4.872(1763)	9.470(10322)	1.5	53±4	11.1±2.2(109)
	H-02	T_3	Ap	27	1.434(512)	4.168(1488)	8.911(10322)	2.1	62±5	11.2±2.1(119)
	ZX-03	P_2	Ap	28	1.407(492)	5.933(2075)	7.571(10322)	54.5	35±2	12.0±2.1(114)
	Cj-03	P_2	Ap	28	1.018(435)	7.598(3246)	8.800(10322)	76.7	23±1	11.7±2.2(109)
	L-02	P_2	Ap	28	1.414(515)	9.231(3363)	9.470(10322)	98.3	28±2	12.0±2.3(104)
	L-03	T_1	Ap	28	3.223(568)	17.747(3128)	9.805(10322)	97.0	34±2	12.1±2.5(107)

续表

	样品/层位/矿物			n	ρ_s/(10^5cm^{-2})(N_s)	ρ_i/(10^5cm^{-2})(N_i)	ρ_d/(10^5cm^{-2})(N)	$P(\chi^2)$/%	中值年龄(±σ)/Ma	L±σ/μm(N)
野外露头样品	W-02	T_3	Ap	28	0. 481(249)	3. 976(2058)	8. 800(10322)	50. 4	21±2	11. 3±2. 5(112)
	Z-03	K_1	Zr	14	99. 786(1746)	26. 633(466)	3. 123(5933)	36. 2	77±6	
	Z-09	T_2	Zr	24	121. 300(2659)	24. 087(528)	3. 123(5933)	0	101±9	
	Z-10	T_2	Zr	11	110. 502(1184)	20. 346(218)	3. 309(5933)	61. 0	118±10	
	F-01	P_2	Zr	21	130. 029(4218)	12. 824(416)	3. 123(5933)	0	206±25	
	B-05	P_2	Zr	23	137. 962(5384)	9. 712(379)	3. 123(5933)	0	278±40	
	K-01	P_2	Zr	21	130. 045(5075)	8. 635(337)	3. 197(5933)	0	309±30	
	ZX-03	P_2	Zr	22	115. 690(4185)	9. 205(333)	3. 123(5933)	0	252±31	
	L-02	P_2	Zr	24	148. 450(3940)	8. 477(225)	3. 123(5933)	0	336±42	
钻井岩心样品	M5-2f	P_2	Ap	29	1. 199(442)	2. 458(906)	1. 945(3144)	76. 0	18±1	12. 0±2. 0(41)
	M5-3f	P_1	Ap	28	1. 181(518)	2. 234(980)	2. 198(3144)	99. 4	22±2	12. 1±2. 1(90)
	M5-4f	P_1	Ap	28	1. 778(536)	3. 539(1067)	2. 050(3144)	58. 6	20±1	11. 4±1. 7(87)
	S8-1f	P_3	Ap	28	1. 414(382)	2. 938(794)	1. 902(3144)	96. 0	18±1	11. 1±2. 2(85)
	S8-2f	P_2	Ap	28	1. 490(480)	2. 765(891)	1. 712(3144)	99. 9	18±1	11. 6±2. 1(99)
	S8-3f	P_1	Ap	28	0. 890(244)	2. 126(583)	2. 050(3144)	99. 3	17±1	11. 1±1. 8(32)
	M8-1f	P_3	Ap	28	1. 415(400)	3. 507(991)	1. 881(3144)	9. 6	14±1	11. 1±2. 0(96)
	M8-2f	P_2	Ap	28	1. 525(521)	3. 252(1111)	1. 966(3144)	88. 8	18±1	11. 4±1. 8(98)
	M8-3f	P_1	Ap	28	1. 384(304)	2. 763(607)	1. 734(3144)	99. 6	17±1	10. 9±1. 8(68)
	Y13-3f	P_1	Ap	28	1. 210(459)	2. 289(868)	1. 712(3144)	83. 9	17±1	11. 4±1. 7(94)
	M8-3f	P_1	Zr	23	179. 359(4778)	89. 454(2383)	27. 003(27782)	0	400±45	

注：n—颗粒数；N_s—自发 FT 条数；ρ_s—自发 FT 密度；N_i—诱发 FT 条数；ρ_i—诱发 FT 密度；$P(\chi^2)$—χ^2 检验概率；中值年龄(±σ)—FT 年龄±标准差；L±σ—平均 FT 长度±标准差；N—封闭 FT 条数。

从测试分析数据可以看出，大部分样品的磷灰石 FT 分析年龄数据通过了 χ^2概率检验[$P(\chi^2)>5\%$]，FT 中值年龄主要分布在 8.9~118Ma，明显小于其相应的沉积地层年龄，可以视为真实冷却年龄直接用于构造事件年代学的统计分析。但是，另外 8 个磷灰石样品和大部分(9 个中的 7 个)砂岩样品的锆石 FT 年龄数据则没有通过χ^2概率检验[$P(\chi^2)<5\%$或 $P(\chi^2)=0$]，这些样品的 FT 中值年龄普遍大于或个别略小于沉积地层年龄，显然属于比真实冷却年龄偏大的混和年龄，必须采用合适的数学方法对混和年龄数据进行分组解析，从中筛分获取与不同年龄组分别对应的真实冷却年龄信息，才能有效用于盆地形成演化过程的构造事件年代学研究(Green，1989；Galbraith，1990；Wagner 和 Van Haute，1992；Brandon，1992，1996；周中毅和潘长春，1992；胡圣标等，1998；郑德文等，2000)。

(二) 裂变径迹混合年龄解析

受碎屑矿物磷灰石和锆石 FT 封闭温度的影响，沉积盆地边缘地区碎屑岩样品的磷灰石尤其是锆石 FT 分析获得的年龄数据在很多情况下属于混合年龄。目前最常用的 FT 混合年龄解析方法主要采用雷达视图和高斯或二项式峰拟合，从而筛分获取与不同年龄组分对应的最佳拟合峰年龄。对于没有通过χ^2概率检验的上述 15 个砂岩样品的锆石和磷灰石 FT 混合年龄数据，我们采用雷达视图法与高斯拟合法进行了分组解析(图 2-2、图 2-3)，为盆地中-新生代构造事件年代学分析提供真实的冷却年龄信息。

锆石裂变径迹(ZFT)分析的 9 个样品中，除火山岩及其蚀变带砂岩样品之外，其他 7 个砂岩样品的 ZFT 中值年龄均属于 $P(\chi^2)=0$ 的混合年龄。ZFT 年龄的雷达图和高斯拟合峰都不同程度地显示了碎屑岩样品混合年龄的两部分组成(图 2-2)，一是小于其沉积年龄的中生代构造事件年龄组分，在混合年龄组分中占有较大比例；二是大于其沉积年龄的物源区碎屑年龄组分，在混合年龄组分中占有较小比例。中三叠统蚀变砂岩 Z-09 样品 ZFT 年龄的高斯拟合给出了中生代燕山晚期 81Ma 的峰年龄，中二叠统 B-05、F-01 和 ZX-03 砂岩样品分别包含了 153Ma、148Ma 和 133Ma 等中生代燕山中期构造事件的高斯拟合峰年龄，中下二叠统 K-01、ZX-03、M8-3f 和 L-02 砂岩样品分别给出了

240Ma、230Ma、210Ma 和 195Ma 的中生代印支期构造事件的高斯拟合峰年龄。这些碎屑岩样品的老年龄组分主要包括 345~373Ma、450~485Ma 和 610Ma 等 3 组高斯拟合峰，显然属于碎屑物源区海西期、加里东期和晋宁期构造事件的残存年龄记录。

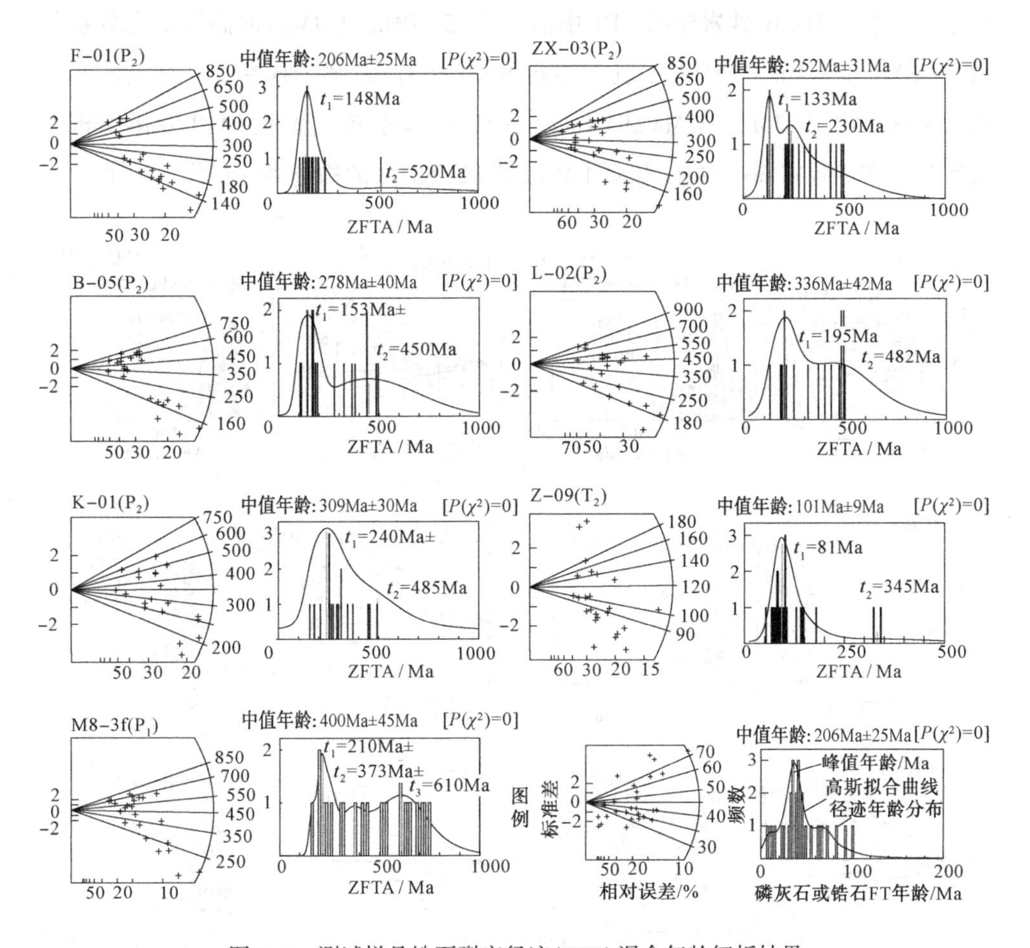

图 2-2 测试样品锆石裂变径迹(ZFT)混合年龄解析结果

磷灰石裂变径迹(AFT)分析样品中，有 8 个砂岩样品的 AFT 中值年龄属于 $P(\chi^2)<5\%$ 或 $P(\chi^2)=0$ 的混合年龄，但其中值年龄大多小于相应的沉积年龄，显示出年龄组分主要为沉积期后不同阶段构造事件混合作用的结果(图 2-3)。其中，中二叠统 F-01 和中三叠统 K-02 砂岩样品的年龄组分尤为集中，两块样品 50.3Ma±3.7Ma 和 65.9Ma±4.3Ma 的 AFT 年龄主要集中在了 42Ma 和 62Ma 的高

斯拟合峰，其他年龄组分含量甚微，没有构成有意义的拟合峰值。另外 6 个样品的年龄组分相对复杂，中二叠统 K-01 和 B-04 砂岩样品 AFT 中值年龄的高斯拟合分别给出了 66Ma、37Ma、12Ma 和 54Ma、38Ma 的多组峰年龄，下三叠统 S-05 砂岩样品 AFT 中值年龄分别包含了 81Ma、62Ma 和 30Ma 的三组高斯拟合峰年龄，中三叠统 H-01 砂岩样品 AFT 中值年龄(53.0Ma±4.4Ma)的高斯拟合分别获得了 63Ma 和 33Ma 的峰年龄，上三叠统 S-01 和 H-02 砂岩样品 AFT 年龄的高斯拟合分别给出了 73Ma、42Ma 和 61Ma、36Ma 的峰年龄。显然，AFT 年龄解析主要反映了中生代末 66~81Ma 和新生代以来 12~63Ma 的构造事件年代学记录。

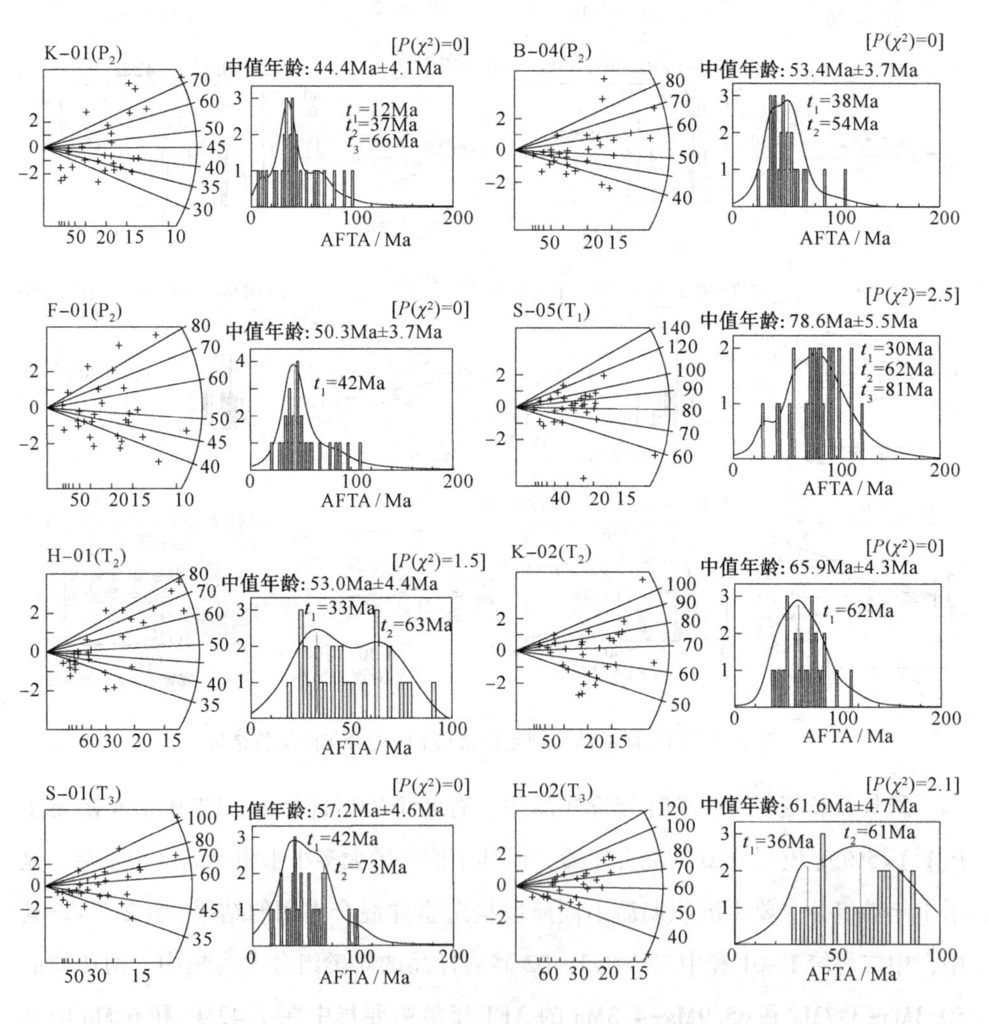

图 2-3　测试样品磷灰石裂变径迹(AFT)混合年龄解析结果(图例同图 2-2)

 盆地东北部中-新生代构造事件的峰值年龄序列

依据上述 39 块砂岩测年数据，结合紫金山杂岩体同位素年龄(表 2-2)，采用统计分析方法系统建立了鄂尔多斯盆地东北部的中-新生代构造事件年代学序列，并结合盆地中-新生代沉积建造、岩浆活动、地层不整合类型和构造隆升变形特点，综合揭示峰值年龄事件与区域“不整合”构造事件的对比关系(图 2-4)，尤其是为盆地东北部在晚中生代-新近纪沉积记录严重缺失背景下的构造事件属性认识和区块间对比关系研究提供更窄时间域的定量年代学约束。综合分析认为，鄂尔多斯盆地东北部中-新生代以来至少经历 5 个期次的主要构造事件：①碎屑砂岩 ZFT 残存年龄记录给出了印支期 230Ma 和 200Ma 两次构造抬升事件的峰值年龄；②紫金山岩体及其蚀变带砂岩不同封闭温度矿物充分记录了燕山中期 135Ma 的构造热事件峰值年龄；③碎屑砂岩 AFT 年龄大量记录了晚燕山期-早喜山期 65Ma 和中晚喜山期 20Ma 两次重要构造抬升事件的峰值年龄。

（一）印支期峰值年龄事件

三叠纪印支期，鄂尔多斯盆地东北部的沉积-构造演化与华北克拉通盆地在东西分异背景下的东北部隆升和西南缘冲断推覆-前渊沉降过程直接相关，并造成鄂尔多斯盆地东北部中下三叠统与上三叠统之间、上三叠统与下侏罗统之间的平行不整合关系(图 2-5)。碎屑砂岩锆石裂变径迹的残存年龄记录给出了盆地东北部印支期相对较弱的两组峰值年龄(图 2-4)：一是与中、下三叠统之间平行不整合界面相当的 230Ma 峰值年龄，二是与上三叠统与下侏罗统之间区域性平行不整合界面对应的 200Ma 峰值年龄。结合印支期区域沉积-构造特征分析，这两组较弱的峰值年龄事件记录，指示盆地东北部早三叠世末和晚三叠世末两次程度不等的差异构造抬升事件，尤其是 200Ma 峰值年龄对应于盆地东部区域印支期末一次重要的平行不整合构造事件。

（二）燕山早中期峰值年龄事件

早中侏罗世燕山早期，华北区域处于相对稳定的构造发展阶段，广泛发育类似中国西部的区域性弱伸展坳陷环境下的早中侏罗世内陆河湖相含煤碎屑岩沉积。

表 2-2　紫金山杂岩体同位素年龄汇总表

单位：Ma

选用矿物	方法	霞辉正长岩	二长岩	霞霓次透辉正长岩	透长斑岩	霓辉正长斑岩	霓霞钛辉岩	响岩质火山角砾岩	霞石正长岩	暗霞正长岩	粗面质火山角砾岩	数据来源
锆石	LA-ICP-MS		136. 7±6. 5									本次测试
角闪石	Ar-Ar	132. 2±0. 8	133. 1±0. 9									本次测试
黑云母	Ar-Ar	130. 4±0. 7										本次测试
全岩	K-Ar		154. 2±4. 0		132. 0~136. 9				91. 2±3. 2			武铁山(1997)
角闪石	K-Ar	138. 7±4. 4										武铁山(1997)
黑云母	K-Ar						129. 9±3. 1					武铁山(1997)
全岩	Rb-Sr等时线	132. 04±28										阎国翰等(1988)
角闪石	Rb-Sr等时线	142. 1										阎国翰等(1988)
锆石	SHRIMP				132. 3±2. 1						125. 3±2. 7	杨兴科等(2006)
锆石	LA-ICP-MS	138. 3±1. 1										肖媛媛等(2007)
锆石	LA-ICP-MS			137. 2±2. 7		133		127			118	王润三(2007)
锆石	LA-ICP-MS								127. 2±2. 7			Ying 等(2007)
岩石系列		碱性系列	偏碱性系列		碱性系列						偏碱性系列	

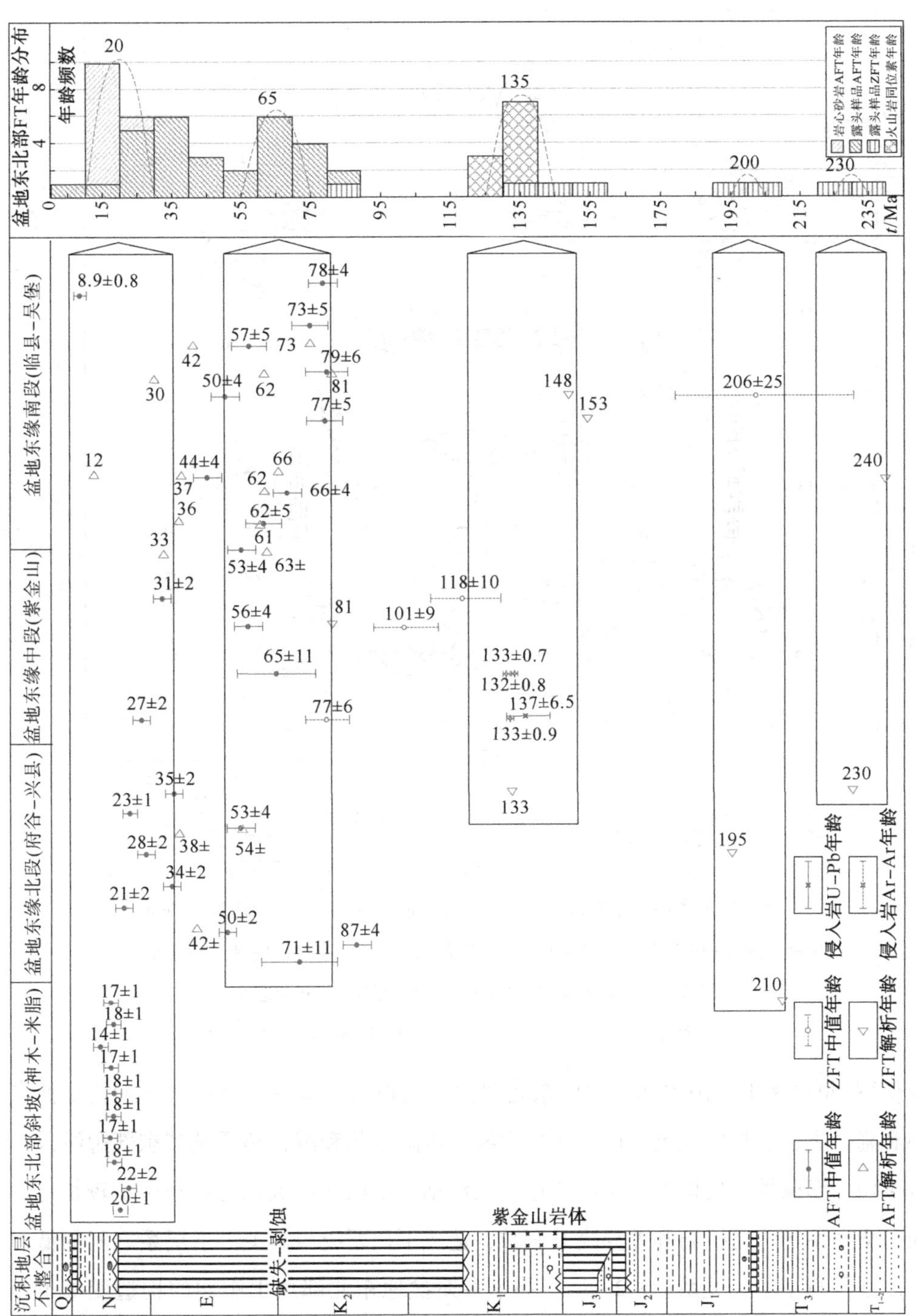

图2-4 中-新生代事件年代学序列及其与区域“不整合”构造事件的对比关系

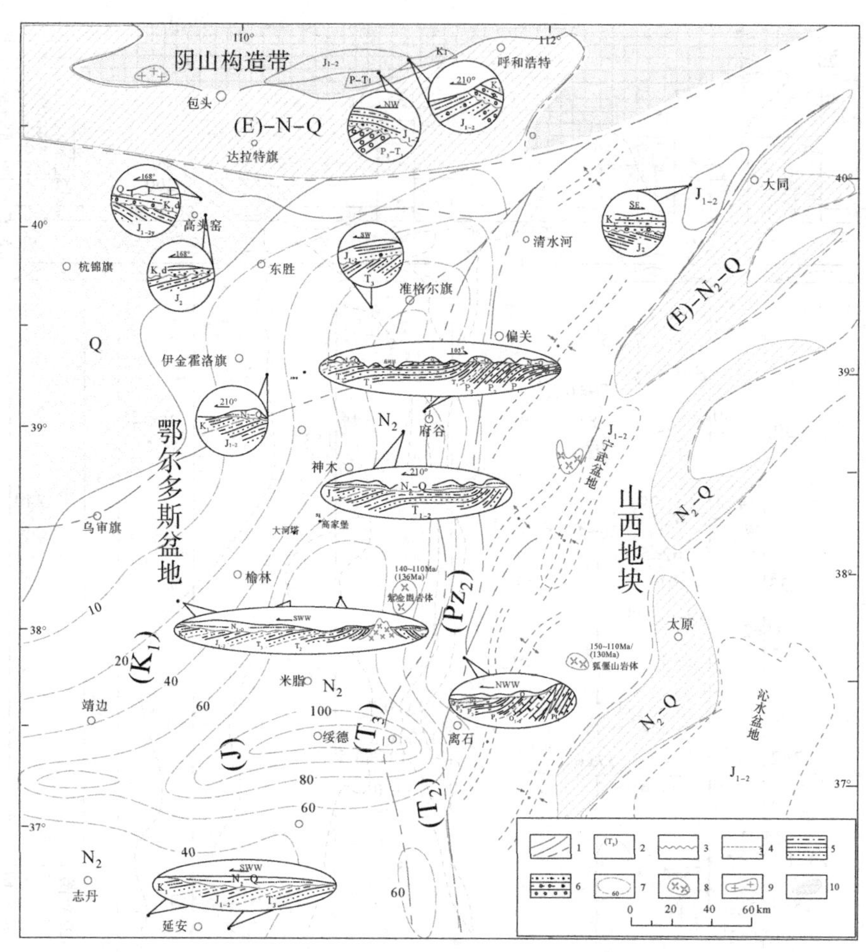

图 2-5　鄂尔多斯盆地东北部中-新生代构造事件的沉积-构造响应特征

1—断裂带与构造边界；2—不同层系残存边界；3—角度不整合；4—平行不整合；

5—稳定型砂泥岩沉积建造组合；6—活动型粗碎屑沉积建造组合；

7—新近纪红黏土厚度/m；8—碱性杂岩体；9—花岗岩体；10—古隆起

晚侏罗-早白垩世燕山中期，盆地东北部主要表现为晚侏罗世自东向西的构造掀斜和隆升剥蚀、早白垩世自西向东的大幅度内陆坳陷和沉积超覆及其东部边缘以紫金山大型碱性杂岩体为标示的构造岩浆活动，早白垩世沉积之后经历了较长地质历史时期的构造掀斜和差异隆升剥蚀，造成下白垩统与其上、下层系之间的低角度或平行不整合关系(图 2-5)。鄂尔多斯盆地东北部燕山中期的构造变革事件，在沉积碎屑砂岩和火山岩的不同矿物中留下了不同封闭温度层次的构造热年代学记录。其中，火山岩体样品中具有较高封闭温度的锆石 U-Pb 和角闪石、黑云母等 Ar-Ar 定年数据给出了代表岩浆侵位-结晶的同位素年龄，前白垩纪沉积碎屑砂岩的锆石和磷灰石 FT 分析也不同程度地留下了这一构造岩浆活动时期的事件年龄记录，测年数据的统计分布特征表明，盆地东北部燕山中期的构造岩浆活动事件的年龄分布主要集中在燕山中期的 125~145Ma，峰值年龄接近 135Ma(图 2-4)。

(三) 燕山晚期-喜山期峰值年龄事件

燕山晚期-喜山期，鄂尔多斯盆地东北部长期处于隆升剥蚀状态，普遍缺失晚白垩世-古近纪的沉积地层记录，并造成下白垩统及其下伏地层遭受不同程度剥蚀，新近纪晚期的红黏土沉积普遍以低角度不整合关系覆盖在前新生代的不同沉积层系之上(图 2-5)。盆地东北部构造事件年代学数据的统计分布特征指示，燕山晚期-喜山期盆地东北部长达近亿年的构造差异隆升作用并非一个均匀连续的过程，燕山晚期以来的构造差异隆升至少经历了两个期次的显著构造抬升事件(图 2-4)：一是 65Ma 峰值年龄所代表的白垩纪末燕山晚期构造抬升事件，二是 20Ma 峰值年龄所代表的古近纪末喜山中晚期构造抬升事件。

喜山晚期，盆地东北部经历了新近纪的构造反转与第四纪以来的构造隆升，突出表现为盆地东北部的前新近纪斜坡隆起区发生反转沉降，发育形成了新近纪(3~8Ma)的红黏土沉积坳陷(图 2-5)；之后，新近纪红黏土层之上被第四纪黄土以低角度侵蚀不整合关系覆盖，表明 1.7~2Ma 以来盆地东北部经历过一次重要的构造抬升事件。

第二节　中-新生代差异隆升过程

差异隆升的单井沉降史分析

有关盆地沉降史分析的基本原理和方法已有诸多学者给予了充分论述(石广仁等，1997；王子煜等，2000；刘亢等，2013；贾承造等，2023)，这里不再赘述。基本思路是，运用沉降史分析的基本原理方法，通过对钻井剖面的单井沉降史分析，获取代表盆地沉降地区不同演化阶段相应沉降期的总沉降量(速率)和抬升期的总抬升量(速率)，以及相应沉降期的构造沉降量(速率)和抬升期的构造抬升量(速率)，进而通过这些量间关系的对比分析来揭示盆地的沉积构造演化阶段及其相应的沉降或抬升的幅度或强度，以及盆地演化过程的主要构造事件及其属性。

(一) 单井沉降史模拟

单井沉降史模拟是指在重塑不同地质年代所对应的沉积地层厚度基础上，动态呈现盆地沉积发育或抬升剥蚀的过程。其模拟的关键就是地层剥蚀厚度恢复等相关参数的确定。目前，不同学者提出了许多不同的方法，主要包括声波时差法，镜质体反射率(R_o)法、磷灰石裂变径迹(AFT)法、地层对比法等(Magara，1976；Dow，1977；Van Hinte，1978；赵俊兴等，2001；闫海军等，2016)。

盆地东北部在第四纪沉积了较厚的黄土，由于风化作用使地表起伏较大，沟壑纵横，无法获得较好的地震资料，而盆地东北部的钻井资料较为齐全。因此，本次研究选择鄂尔多斯盆地东北部沉积地层较为完整的两口探井(SH9井和YU20井)作为沉降史模拟的典型井，其原始沉积地层在现今均有不同残存，能明确被剥蚀后的沉积地层属于哪个地质年代，避免出现恢复地层剥蚀厚度与其沉积年代错位的问题。

1. 地层沉积和剥蚀时间

依据2023年最新修订的国际地层年代表，结合鄂尔多斯盆地沉积演化的时序，并参照上文所述盆地东北部中-新生代各主要构造事件发生的地质时间，综合分析确定盆地东北部各沉积地层的起始时间和地层抬升剥蚀时间。

基于盆地东北部偏北部SH9井和偏南部YU20井的录井资料及地球物理测井曲线资料，可以识别出本区晚石炭世以来残存地层，主要包括上石炭统本溪组，下二叠统山西组-太原组，中二叠统石盒子组，上二叠统石千峰组，中、下三叠统刘家沟组-二马营组，上三叠统延长组，下侏罗统延安组，中侏罗统直罗组/安定组，下白垩统志丹群，新近系，第四系。按照上述方法确定每个地层单元沉积的起始时间，见表2-3。

表 2-3 SH9 井与 YU20 井地层埋深、沉积或剥蚀时间等基本数据

地层	起始时间/Ma	SH9 井		YU20 井	
		现今残存底层顶面深度/m	剥蚀厚度估算/m	现今残存底层顶面深度/m	剥蚀厚度估算/m
Q	0.2	0		4.7	
N_2	2.59	0		30	
剥蚀-5	3.9		-15		-25
沉积-5	5.33		15		25
剥蚀-4	125.0		-1250		-1480
沉积-4	142.95		1250		1480
K_{1z}	145.5	15		30	
剥蚀-3	161.2		-210		-250
沉积-3	163.6		210		-250
J_{2z-a}	167.7	145		70	
剥蚀-2	168.7		-80		-125
沉积-2	172.7		80		125
J_{1-2y}	183.0	417	417	170	
剥蚀-1	199.6		-115		-90
沉积-1	203.4		115		90
T_{3y}	237.0	557.5		550	
T_{1-2}	251.0	1349		1340	
P_3	260.4	2078		2064	
P_2	270.6	2407.7	2407.7	2332.5	
P_1	299.0	2687.4	2687.4	2661	
C_2	306.5	2845.7	2845.7	2801	

在利用磷灰石/锆石裂变径迹、锆石 U-Pb 定年确定鄂尔多斯盆地东北部中-新生代构造热事件峰值年龄的框架下，通过邻区地层对比，确定盆地东北部共发生 5 次地层剥蚀地质事件，其开始和结束的时间见表 2-3。

2. 不整合面剥蚀厚度估算

盆地东北部白垩系残存地层相对较薄，甚至很多钻井结果表明，第四系/新近系地层以角度不整合的形式直接覆盖在上侏罗统或上三叠统地层之上。因此，利用泥岩段声波时差法对盆地东北部白垩地层剥蚀厚度估算的结果会存在一定的误差。陈瑞银等(2006)对鄂尔多斯盆地中-新生代沉积地层中区域性不整合面所对应的剥蚀厚度进行了估算，他们运用的主要方法为地层对比法，先对盆地内沉积地层保存最为完好的井进行地层剥蚀厚度恢复，之后运用井间地层追踪对比的方法对盆地其他钻井地层的剥蚀厚度进行估算，其剥蚀厚度恢复的精度相对较高。

因此，本次研究参照鄂尔多斯盆地中-新生代四期地层剥蚀厚度等值线图(陈瑞银等，2006)，对SH9井和YU20井 T_3、J_{1-2} 以及 J_3、K_1 等地层剥蚀厚度值进行估算。结果见图2-6。

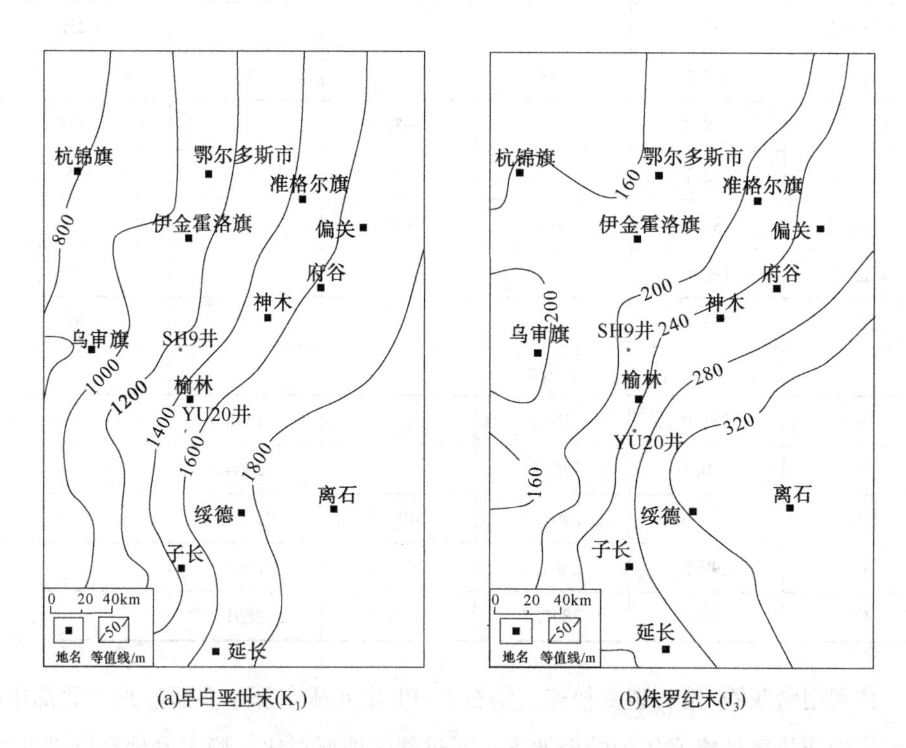

(a)早白垩世末(K_1) (b)侏罗纪末(J_3)

图2-6 鄂尔多斯盆地东北部中-新生代剥蚀厚度等值线图(据陈瑞银等，2006)

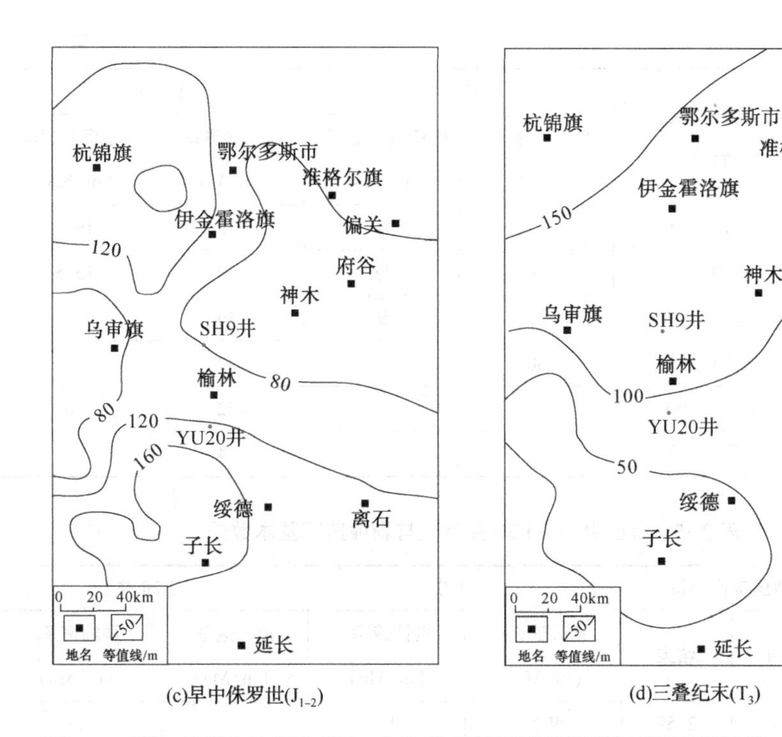

(c)早中侏罗世(J_{1-2})　　(d)三叠纪末(T_3)

图 2-6　鄂尔多斯盆地东北部中-新生代剥蚀厚度等值线图(据陈瑞银等，2006)(续)

3. 模拟结果的相关数据

在确定地层沉积、剥蚀等地质年代及剥蚀厚度值之后，基于 SH9 井、YU20 井，并利用 BasinMod 软件对盆地东北部的沉积沉降史进行恢复。在此基础之上，采用孔隙度(Φ)与深度(H)指数模型去压实校正数学模型以及构造沉降数学模型(Athy，1930；Kominz，1984；Tong Sun，2019)等，以盆地东北部上古生界石炭系顶部作为沉降史分析的参考界面，计算并输出了鄂尔多斯盆地东北部中-新生代以来不同时期地层沉降速率和构造抬升与剥蚀速率等数据(表 2-4、表 2-5)。

表 2-4　SH9 井与 YU20 井沉降速率基本数据

层位	沉积-构造特点	SH9 井		YU20 井	
		总沉降速率/(m/Ma)	构造沉降速率/(m/Ma)	总沉降速率/(m/Ma)	构造沉降速率/(m/Ma)
Q	盆地	6	4	10	7
N_2^1	西隆-东降	10	6.9	17	11

续表

层位	沉积-构造特点	SH9 井		YU20 井	
		总沉降速率/(m/Ma)	构造沉降速率/(m/Ma)	总沉降速率/(m/Ma)	构造沉降速率/(m/Ma)
K_1	斜坡沉积与火山事件	69	18	75	19.5
J_{2a-z}		86	18	59	15.5
J_{1-2y}	湖泊-沼泽河流相沉积	20	9	49	15.5
T_{3y}		30	7	30	8
T_{1-2}	红色-杂色碎屑岩沉积	71	24	72	26
P_3		52	19.5	44	17

表 2-5　SH9 井与 YU20 井抬升与剥蚀速率基本数据

层位	地质年代/Ma		SH9 井		YU20 井	
	开始	结束	抬升速率/(m/Ma)	剥蚀速率/(m/Ma)	抬升速率/(m/Ma)	剥蚀速率/(m/Ma)
$N_2{}^2$	3.9	2.59	7.5	11	12	17
N_1-K_2	125.0	5.33	5	10	6.5	12
J_3	161.2	145.5	7.5	13	9	15
J_{1-2y}	168.7	167.7	54	84	39	60
T_3-J_1	199.6	183.0	4	6	3.3	5

(二) 沉降-隆升的旋回特征

1. 沉降旋回特征分析

盆地东北部 SH9 井和 YU20 井的沉降速率/抬升速率图表明(图 2-7)，鄂尔多斯盆地东北部中-新生代存在 3 个主要的沉降时期，分别为下三叠统的和尚沟组/刘家沟组-中三叠统的二马营组、上三叠统的延长组-下侏罗统的延安组、中侏罗世直罗组/安定组-早白垩世志丹群。

在三叠纪时期盆地由古生代构造环境转入中生代构造环境，由陆表海-滨浅海的海相沉积转入内陆河湖相沉积环境。晚二叠世-早中三叠世，盆地东北部经历了较快的沉降、沉积阶段，总沉降速率在 44～72m/Ma，平均值为 50m/Ma；构造沉降速率在 17～26m/Ma，平均值为 21m/Ma。晚三叠世-早侏罗世，由于鄂尔

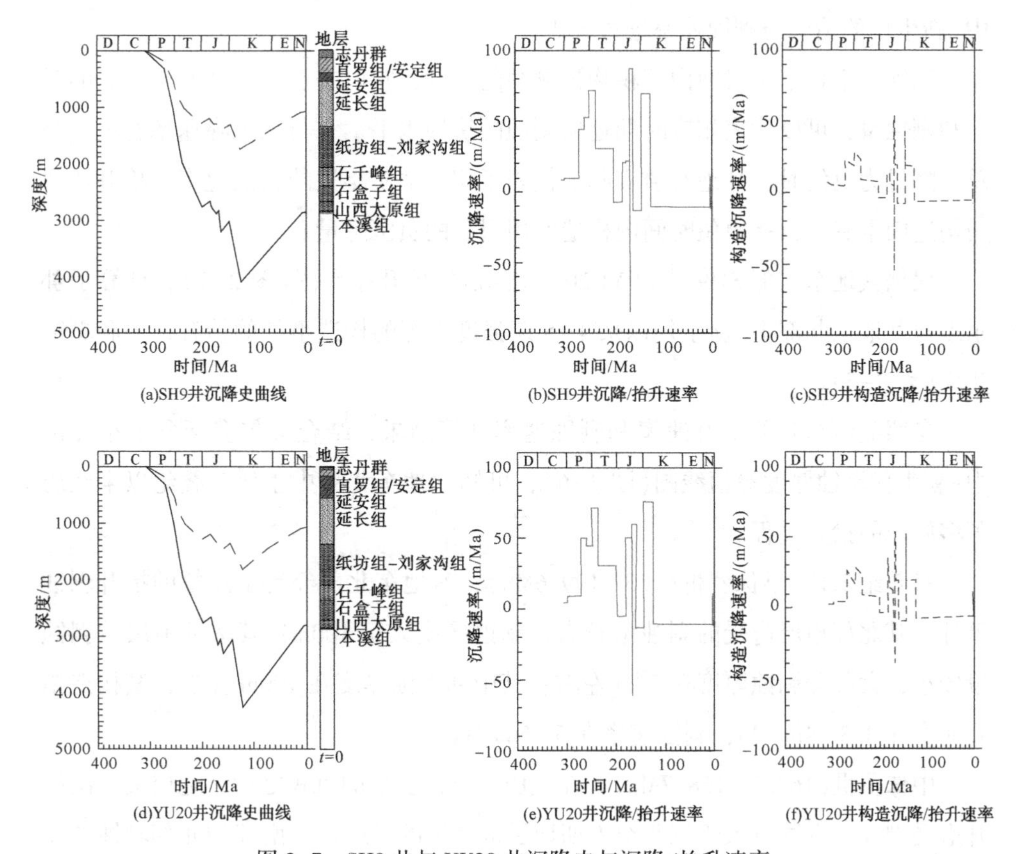

图 2-7　SH9 井与 YU20 井沉降史与沉降/抬升速率

多斯盆地处于弱伸展构造环境中，盆地东北部沉降、沉积速率相对缓慢，总沉降速率在 20~49m/Ma，平均值为 35m/Ma；构造沉降速率在 7~15.5m/Ma，平均值为 11m/Ma。中侏罗世和早白垩世，盆地东北部构造沉降活跃、沉积物充足，总沉降速率在 59~86m/Ma，平均值为 72m/Ma，构造沉降速率在 15.5~19.5m/Ma，平均值为 17m/Ma；新近纪末期在盆地东北部发育小范围的红黏土沉积，此时沉降、沉积速率较小，平均值在 10m/Ma 左右(表 2-4)。

因此，盆地东北部中-新生代经历了快速沉积沉降(晚二叠世-中晚三叠世)-缓慢沉积沉降(晚三叠世-早侏罗世)-加速沉积沉降(中侏罗世和早白垩世)等 3 个幕式、非匀速的沉积沉降阶段。

2. 隆升旋回特征分析

在鄂尔多斯盆地东北部埋藏史及沉积沉降史分析的基础上，对盆地东北部中-新生代的抬升与剥蚀速率进行分析。

剥蚀速率指单位时间内沉积物被剥蚀的厚度，它取决于剥蚀开始与结束的时间和剥蚀量，可以代表相应时期地层剥蚀的快慢水平。它与总沉降速率有关，当总沉降量为负值时，其绝对值实际上代表了相应地质年代的剥蚀速率。抬升速率与构造因素有关，指单位时间内构造作用引起的负沉降量。

根据盆地东北部 SH9 井和 YU20 井的沉降/抬升速率图(图 2-7)，计算了鄂尔多斯盆地东北部中-新生代以来 4~5 期强度不等的构造事件的抬升速率和剥蚀速率(表 2-5)。

参照盆地东北部抬升速率和剥蚀速率计算结果，结合鄂尔多斯盆地东北部中-新生代剥蚀厚度等值线图(图 2-6)，可知盆地东北部中生代三叠纪以来经历了多旋回的抬升过程。

三叠纪末期-早侏罗世(183~199.6Ma)，盆地东北部经历了短暂的抬升剥蚀事件，其北部地层遭受的剥蚀量较大，剥蚀厚度大于 100m；其南部地层被剥蚀量较小，大部分剥蚀厚度在 50m 左右；其中部剥蚀厚度在 100m 左右，其构造抬升速率在 3.3~4m/Ma，剥蚀速率在 5~6m/Ma。

中侏罗世(167.7~168.7Ma)，在经历了早侏罗世的沉积之后，地层又一次抬升遭受剥蚀，剥蚀量大于三叠纪末期地层被剥蚀的厚度，且南部和北部剥蚀的厚度均大于 120m，中部地层被剥蚀厚度相对较小，一般在 90m 左右，其构造抬升速率在 39~54m/Ma，剥蚀速率在 60~84m/Ma。

晚侏罗世末期-早白垩世(145.5~161.2Ma)，此时鄂尔多斯盆地东北部构造活动渐进活跃，地层遭受的剥蚀由西向东逐渐加强，剥蚀厚度在 160~320m，中部地区的构造抬升速率在 7.5~9m/Ma，剥蚀速率在 13~15m/Ma。

早白垩世末期-新近纪(2.59~125Ma)，鄂尔多斯盆地东北部进入了全面抬升改造时期，地层遭受剥蚀时间长达 1 亿多年，其间盆地经历了短暂的沉积(3.9~5.33Ma)，总体地层被剥蚀的厚度相对较大，在 800~1800m。由于地层“断代”时间较长，且主要是由两次构造抬升事件所造成，因此，不能简单地用剥蚀厚度与断代时间之商表示构造抬升速率，后文将通过矿物对-封闭温度法对晚白垩世以来的差异隆升速率进行估算。

综上所述，根据盆地东北部 SH9 井和 YU20 井的沉降史模拟，在鄂尔多斯盆地多旋回沉积与多阶段抬升改造的区域背景下，中-新生代经历了 3 期非匀速的快速沉降沉积过程与 4~5 期强度不等的构造抬升-剥蚀事件。

 差异隆升的构造(热)年代学分析

基于二叠系-侏罗系不同层位、不同区段的 AFT 样品数据，对晚白垩世以来盆地东北部空间域差异隆升过程进行了分析。按照盆地沉降区-东北缘露头区、南缘露头区-北缘露头区的方位各编制了三条剖面(图 2-8、图 2-9)。

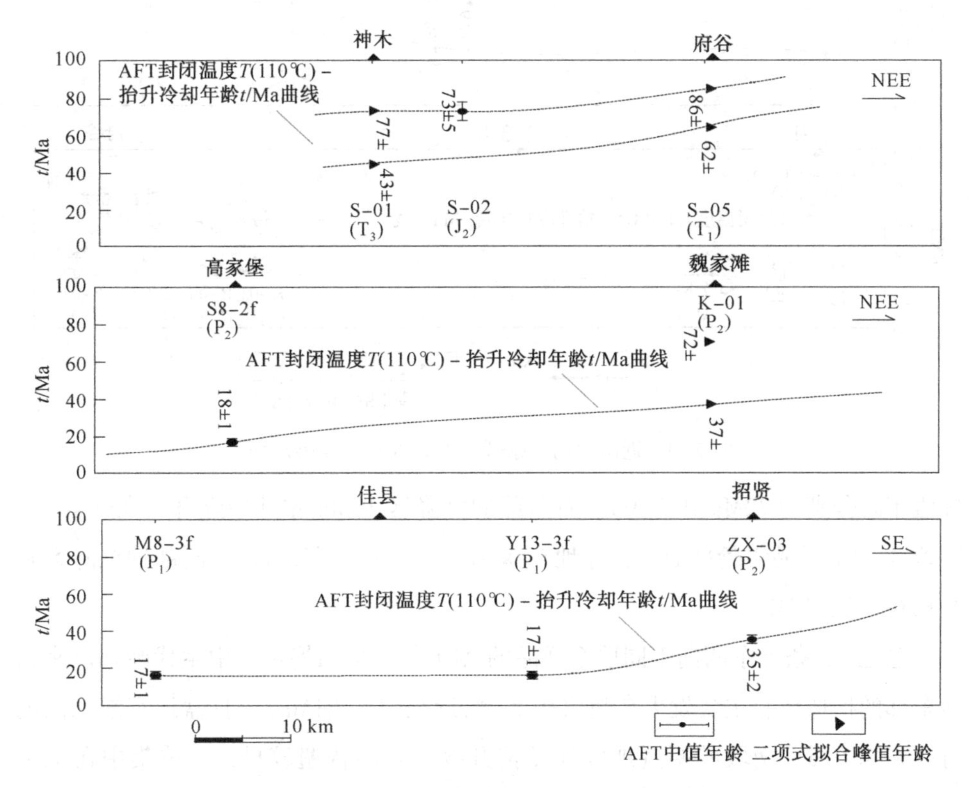

图 2-8　近东西向 3 条磷灰石裂变径迹年龄剖面

(一) 东西向 AFT 年龄剖面

从图 2-8 中可以看出，在神木-府谷地区 AFT 样品年龄剖面中，三叠系-侏罗系样品 AFT 经历了两次构造抬升，早期构造抬升事件发生在晚白垩世(73~81Ma)，晚期主要发生在古近纪(42~62Ma)，且东部隆升时间早于西部地区。在高家堡-魏家滩地区 AFT 样品剖面中，盆地东北部东缘北段发生两次构造抬升，

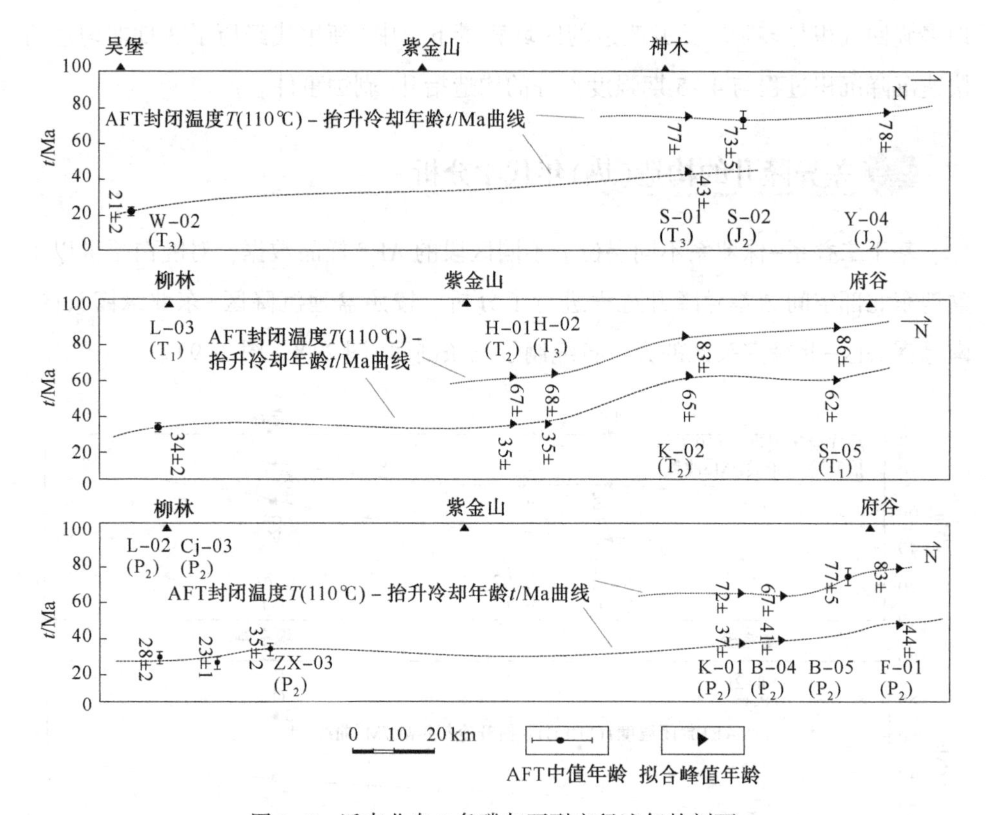

图 2-9　近南北向 3 条磷灰石裂变径迹年龄剖面

峰值年龄分别为 72Ma 和 37Ma，而西部的沉降区 18Ma 才开始隆升。在佳县-招贤地区 AFT 样品年龄剖面中，盆地东缘抬升相对较早(35Ma)，西部的沉降区隆升相对较晚(17Ma)。

总之，3 条近东西向不同层系样品的 AFT 年龄剖面揭示：中生代晚期以来盆地东部的构造掀斜主要发生在晚白垩世-新近纪(17~81Ma)，且盆地东缘北段的府谷和魏家滩、南段的招贤地区样品抬升冷却年龄普遍较早，主体集中在 73~81Ma、42~62Ma，西部的沉降区 S8 井、M8 井样品抬升冷却年龄普遍较晚，主体集中在 17~18Ma。

(二) 南北向 AFT 年龄剖面

在吴堡-神木地区的三叠系-侏罗系样品 AFT 年龄剖面中(图 2-9)，北缘三叠系样品 S-01 记录了两次构造事件，其早期的构造事件年龄与其以北的侏罗系 S-02 和 Y-04 样品共同记录了晚白垩世(73~78Ma)抬升冷却事件，晚期的构造事件使样品 S-01 抬出部分退火带，且与南缘样品 W-02 共同记录了古近纪(21~42Ma)构造事件。在柳林-府谷地区2条二叠系-三叠系样品 AFT 年龄剖面中，北缘的大部分样品表现为两期的构造抬升，早期的构造抬升时间主要集中在晚白垩世-古近纪(54~81Ma)，三叠系和二叠系样品被抬升到部分退火带，受到了较长时间的高温退火作用，晚期构造抬升事件发生在古近纪(33~62Ma)，使北缘露头区样品全部抬出了部分退火带。而南缘的样品抬升相对较晚，主要集中在28~35Ma。

因此，侏罗系-二叠系样品的3条南北向 AFT 年龄剖面总的特点是：盆地东北部北缘露头区样品隆升时间相对较早，且经历了两个幕次的隆升过程，分别为54~81Ma、33~62Ma；南缘露头区样品隆升的时间普遍较晚，主要集中在21~35Ma。

综合上述盆地沉降区钻井岩心(P_1-P_3)及盆地边缘野外露头区(P_1-J_2)砂岩不同区段、不同层位的磷灰石 FT 年龄在东西向和南北向剖面上的分布，揭示盆地东北部晚白垩世以来的差异隆升过程为北段露头区抬升早，且经历了54~81Ma、33~62Ma两个幕次的隆升过程；南段露头区抬升相对较晚，主要集中在21~35Ma；盆地沉降区 S8 井-M8 井地区抬升更晚(17~18Ma)。

三、差异隆升过程与构造事件属性

通过井剖面沉降史模拟与构造热年代学分析相结合的综合研究方法，系统厘定了鄂尔多斯盆地东北部不同结构单元中-新生代主要构造事件在时间域-空间域的差异升降过程。印支早中期 T_1-T_2(大)鄂尔多斯盆地处于陆内挤压坳陷构造环境，盆地东北部经历了快速沉积沉降阶段，总沉降速率平均为50m/Ma，并在印支晚期 T_3末发生构造“不整合”事件，平均抬升速率为3.7m/Ma；燕山早期 J_{1-2} 弱伸展坳陷构造环境使盆地东北部沉降沉积速率相对缓慢，总沉降速率平均值为35m/Ma，在 J_{2y}末期经历了短暂的抬升-剥蚀，平均抬升速率接近46.5m/Ma；燕山中期 J_3-K_1盆地再次转入陆内挤压坳陷构造环境，盆地东北部地区普遍缺失 J_3 地层记录，平均构造抬升速率约为8.2m/Ma，K_1盆地东北部快速沉积沉降，总沉降速率平均值为72m/Ma；燕山晚期-喜山期盆地进入全面抬升改造阶段，K_1-E

盆地东北部抬升速率平均接近 80m/Ma；新近纪以来强烈隆升-剥蚀，平均抬升速率约为 128m/Ma。

（一）中-晚三叠世构造事件属性及其强度

基于本章第一节盆地东北部中-新生代构造事件的年代学坐标，在三叠系中晚期，碎屑砂岩样品锆石裂变径迹年龄解析出两组相对较弱的构造（不整合）事件的峰值年龄（图 2-4），分别为 230Ma 和 200Ma，大致对应了中三叠统与下三叠统之间以及上三叠统与下侏罗统之间两个平行不整合界面。尤其是 200Ma 动-热转换所对应的三叠纪末期的一次较为重要的区域性不整合事件，代表了鄂尔多斯盆地由古生代海-陆相沉积环境转向中生代陆内河湖相沉积环境的一次重大变革事件。结合 SH9 井和 YU20 井的单井沉降史模拟，分析三叠纪末期构造抬升时限为 16. 6Ma，平均抬升速率为 3. 7m/Ma。

（二）早-中侏罗世构造事件属性及其强度

早-中侏罗世华北克拉通陆块受东部挤压走滑作用的影响，处于一个相对稳定的构造发展阶段，鄂尔多斯盆地在弱伸展沉积坳陷环境下发育了大型内陆河湖相并发育了 J_{1-2y} 含煤沉积地层。中侏罗世晚期，盆地沉积边界进一步向盆地腹部退缩，其沉积沉降中心以浅湖相或湖泊相暗色泥岩或泥页岩沉积为主。

由于早侏罗世延安组沉积末构造抬升时间相对较短，没有在碎屑岩锆石/磷灰石的裂变径迹中留下记录。但结合野外地层不整合面，以及单井沉积史模拟，分析早中侏罗世末期的延安组（J_{1-2y}）构造抬升时限仅为 1. 9Ma，平均抬升速率为 46. 5m/Ma。

（三）晚侏罗世构造事件属性及其强度

燕山中期，由于盆地西南缘秦-祁造山带强烈造山作用的影响，鄂尔多斯盆地由早中侏罗世 J_{1-2} 弱伸展坳陷环境转入晚侏罗世 J_3 挤压坳陷环境。盆地的东缘盆地东北部在府谷-吴堡断裂带与离石断裂带强烈的走滑挤压作用下，形成了包括吕梁隆起在内的复背斜、复向斜构造组合，以西的盆地东部则随之发生向西的掀斜隆升剥蚀和上侏罗统-下白垩统的沉积缺失和剥蚀，并伴生晋西挠褶带中段紫金山岩体的构造岩浆活动。

盆地东北部晚侏罗世-早白垩世构造（不整合）事件，在盆地沉积碎屑砂岩和边缘岩体的不同矿物中留下了大量不同封闭温度层次的构造热年代学记录。不仅那些具有较高封闭温度的锆石 U-Pb 和角闪石、黑云母等 Ar-Ar 定年给出了一系列构造岩浆活动的同位素年龄，同时岩体周围三叠系蚀变砂岩和部分二叠系碎屑砂岩的锆石 FT 中也包含了不少这一时期的事件年龄记录，它们的统计分布特征共同指示燕山中期的构造岩浆活动的峰值年龄事件主要发生在 135Ma。

特别值得注意的两方面为：一方面，构造热年代学数据给出的 135Ma 的峰值年龄事件，并非一次隆升性质的构造抬升冷却事件，正如前文多种资料论证所述，这一时期鄂尔多斯盆地东北部并没有显著隆升，这是一次周缘岩浆侵位与盆地内部构造沉降的构造热增温事件，并导致了沉积碎屑岩样品中锆石/磷灰石不同程度的退火；另一方面，从区域地层建造特征及其不整合构造事件的空间分布来看，135Ma 峰值年龄所对应的构造热事件之前晚侏罗世应该有一次重要的构造抬升变形事件，盆地东北部隆起区二叠系砂岩样品的 ZFT 混合年龄中解析获得的 153Ma 的抬升事件年龄记录，有可能代表了盆地东北部晚侏罗世的一次重要构造抬升冷却事件。根据 SH9 井和 YU20 井沉降史模拟结果，晚侏罗世末期(J_3)的构造抬升时限仅为 15.7Ma，平均抬升速率为 8.2m/Ma。

（四）晚白垩世以来构造事件属性及其强度

燕山晚期盆地进入整体隆升-剥蚀与周缘断陷沉积的后期改造阶段，通过前文对二叠系-侏罗系地层砂岩样品锆石/磷灰石 FT 年龄统计分析，表明晚白垩世以来盆地东北部差异隆升并非一个连续的过程，而是经历了两期主要的构造抬升事件(图 2-4)：第一期是 65Ma 峰值年龄所代表的晚白垩世末构造事件，并有可能包含与 75Ma 和 55Ma 两组峰值年龄相应的构造隆升，基于矿物对-封闭温度法估算该期构造“不整合”事件平均抬升速率为 80m/Ma；第二期是 20Ma 峰值年龄所代表的古近纪末的强烈构造抬升事件，平均抬升冷却速率接近 128m/Ma，这是盆地东北部中-新生代以来构造抬升最为强烈的一次峰值年龄事件。

更为重要的信息是，通过北段露头区(弧形隆起陡坡区)、南段露头区(弧形隆起带缓坡区)和盆地沉降区二叠系-侏罗系地层砂岩/磷灰石裂变径迹探讨分析盆地东北部晚白垩世以来空间域的差异隆升过程，结果表明，盆地东北部北段露头区抬升相对较早，且经历了 54~86Ma 和 33~62Ma 两个阶段的构造隆升过程；

南段露头区抬升相对较晚，主要发生在古近纪(21~35Ma)，而盆地的沉降区抬升更晚(17~18Ma)。所以，盆地东北部现今的不对称宽缓复式向斜及其翘起端的弧形构造体系经历了晚白垩世以来的时间域与空间域的差异隆升过程，其最终定型可能发生在新近纪。

第三节　中-新生代构造热演化历史

燕山中期构造(热)事件的年代学约束

鄂尔多斯盆地东缘晋西挠褶带中段出露的燕山中期紫金山岩体是国内迄今发现的为数不多的大型碱性杂岩体之一，尤其是在盆地东部普遍缺失晚侏罗世以来沉积地层记录的地质背景下，紫金山岩体无疑成为这一地区晚中生代以来深部作用和构造热演化史研究的重要窗口。

已有研究表明，紫金山岩体来自幔源大于40km部分熔融岩浆、超浅成侵位和喷发的碱性-偏碱性岩浆岩(陈刚等，2007)。本次研究在此基础上，进一步开展了单颗粒锆石U-Pb定年和单矿物Ar-Ar定年的岩浆岩构造热年代学分析。同时收集了近些年来对该区紫金山岩体的相关测年数据(表2-2)，其中，杨兴科等(2006)、Ying等(2007)、肖媛媛等(2007)、陈刚等(2012)、王亚莹等(2014)利用激光剥蚀等离子质谱仪(LA-ICP-MS)和离子探针质谱仪(SHRIMP)对紫金山岩体单一矿物的锆石进行U-Pb测年；阎国翰等(1988)、武铁山(1997)利用Rb-Sr等时线和K-Ar法对紫金山岩体的全岩及其单矿物颗粒(角闪石和黑云母)进行了测年。

阎国翰等(1988)对全岩的测年得到的是岩浆活动地质时期的混合年龄值，虽然不能区分其不同期次岩浆活动的年龄，但对于整个岩浆活动时期具有重要价值。随着矿物测年仪器和技术的发展，近些年来发表的文章都是针对紫金山岩体的单一矿物进行定年，测得年龄的精度有所提高，具有较高的参考价值。

在本次研究紫金山岩体构造热事件的过程中，考虑到岩浆热液活动的随机性

和测年方法中数据本身的误差，不宜以个别年龄论事件，而应该寻求具有统计学意义的峰值年龄事件。因此，在本次研究过程中除新增加的单一矿物的(U-Pb、Ar-Ar)测年数据以外，同时收集了近年来已发表的紫金山岩体的定年数据，运用统计学方法，分析了盆地东北部晋西挠褶带中段紫金山杂岩体侵位-结晶等岩浆活动的时限(图 2-10)。

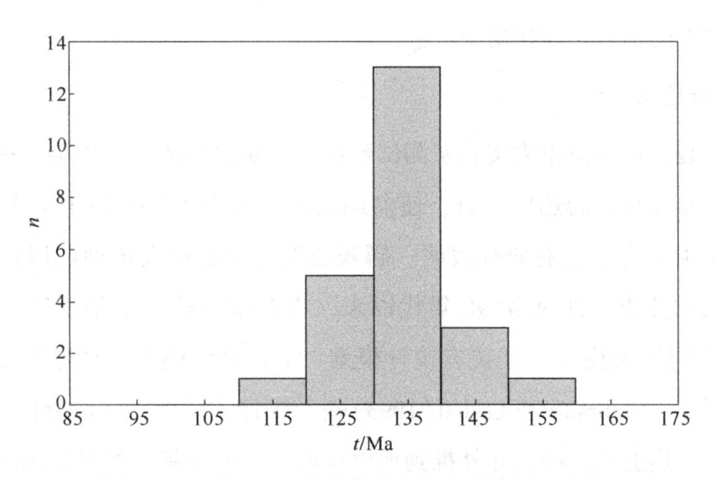

图 2-10 紫金山杂岩体构造热年代学统计与分布

紫金山杂岩体热年代学统计结果显示，岩体侵位-结晶时间主要分布在 115~155Ma，而岩体热液活动强烈的时间在燕山中期的 135Ma。所以，通过对紫金山杂岩体侵位-喷出等热液活动时间的研究，不仅给出了鄂尔多斯盆地东北部燕山中期构造热事件年代学方面的约束，同时为本次构造热事件提供了深部岩浆热液活动方面的证据。

二、构造热演化史的磷灰石裂变径迹模拟

近年来，沉积盆地的构造热演化史分析已经由定性研究转向半定量-定量研究，换言之，构造热演化史分析已经不由某一时刻的动-热参数确定，而是寻求在整个构造热演化过程中，随着地质年代的演化，动-热参数之间的相互制约与平衡。

磷灰石裂变径迹(AFT)模拟与镜质体反射率(R_o)分析是盆地构造热演化研究的两种重要方法。这两种方法有着各自的优势与劣势，在构造热演化史分析过程

中具有良好的互补性。一是样品之间的互补性。镜质体反射率(R_o)分析的样品为暗色泥岩，磷灰石裂变径迹分析的样品为砂岩。二是古地温记录之间的互补性。磷灰石裂变径迹记录的古地温在60~120℃，镜质体反射率(R_o)记录的最高古地温可以达到200℃以上。对于沉积盆地，尤其是多旋回沉积与多期次改造的复杂类型盆地的构造热演化史研究，利用两种方法相互验证与补充，可以较好地重塑沉积盆地的构造热演化历史。

(一) 原理与方法

磷灰石裂变径迹模拟为实验室测试数据与热演化史架起了桥梁，挖掘了AFT记录的每个温度时段的热史信息，使盆地的热史研究不只局限于某个温度点或者时间点上的信息。已有研究表明，磷灰石裂变径迹退火模型可以定量再现地表较浅地层的热史。20世纪90年代以来，许多学者建立了基于磷灰石裂变径迹实验的不同退火模型，主要有统计模型、平行直线模型、平行曲线模型和扇形模型。例如，Galbraith和Laslett(1993)基于统计学模型，探讨分析Durango磷灰石裂变径迹热退火模型，并外推到地史尺度，得出磷灰石裂变径迹的部分退火温度为60~100℃。

许多学者发现磷灰石退火能力除了受温度、时间这两个主要因素约束外，和其化学成分Cl含量和晶体特性D_{par}(指与结晶C轴平行的、与抛光面相交的裂变径迹蚀刻象的最大直径)有关(Ketcham等，2000；周祖翼等，2001；Donelick，2005)，并建立了R_{mr0}与D_{par}、Cl含量等相关参数的数学关系式：

$$R_{mr0}=1-e^{[0.647(D_{par}-1.75)-1.834]}$$

$$R_{mr0}=1-e^{\{2.107[1-abs(Cl-1)]-1.834\}}$$

由此Ketcham等(2000)建立了一种新的多元动力学磷灰石退火模型，并以此数学模型开发了AFTSolve热演化史模拟软件(Gleadow，1983，1986)。

模拟过程包括如下4步。

(1) 对实验室AFT测试数据的径迹年龄(AGE)和径迹长度(LEN)进行转换处理，得到模拟软件可以识别的AFT数据。

(2) 依据AFT的类别，输入相应的D_{par}值(裂变径迹蚀刻象中与结晶C轴平行的最大直径)和相应的多元退火模型。

(3) 根据前文所述的构造层序格架，限定模拟过程中关键的地质年代。

(4) 对模拟结果进行判别。主要包括径迹长度(K-S 检验)和径迹年龄(年龄 GOF)两个参数，若 K-S 检验和年龄 GOF 的检验值均不小于 5%，则模拟结果可以接受；若它们都不小于 50%，则模拟结果是“高质量的”。

(二) AFTSolve 热史模拟

本次 AFTSolve 热史模拟所使用的磷灰石样品比较全面地覆盖了盆地东北部的各区段，以及古生界二叠系-中生界侏罗系的各层系，AFT 样品主要为新鲜的露头砂岩 20 余块和 Mn_5 井、M_8 井、S_8 井和 3062 井等 4 口钻井岩心样品 10 块。AFT 砂岩样品在河北省廊坊市地质矿产调查所进行磷灰石矿物挑选，将选出的磷灰石矿物送往北京中科院高能物理研究所测试分析(图 2-11)。

盆地东北部 30 余块 AFT 样品池年龄(Pooled Age)和中值年龄(Central Age)均小于其沉积地层年龄(表 2-1)，AFT 径迹长度在 10.8~12.3μm，皆小于 AFT 初始的平均径迹长度(16.5μm)，且大部分样品的径迹长度分布图表现为宽缓的不对称偏峰(图 2-11)。

由实验数据中 AFT 的径迹年龄、径迹长度及分布图可知，盆地东北部的 AFT 样品由于埋藏增温或是受到岩浆热液事件的影响，达到了部分退火带的温度(60~110℃)，甚至是完全退火带以上的温度(≥110℃)，造成裂变径迹年龄小于样品所在的地层年龄，径迹长度小于初始的径迹长度，而宽缓不对称的径迹长度分布图则说明，AFT 样品在较高的温度区间滞留时间相对较长，之后经历了单一的冷却抬升过程。

基于露头砂岩和井上岩心 AFT 径迹年龄、径迹长度数据，运用上述方法，对盆地东北部北段、南段及盆地沉降区古生界二叠系-中生界侏罗系地层的砂岩磷灰石样品进行 AFTSolve 热史模拟。

1. 北段露头区 AFTSolve 热史模拟

模拟结果表明：盆地东北部北缘露头区上古生界-中生界的 9 块露头砂岩样品热史路径总体呈现底部相对较窄的不对称 V 形，且共同经历了燕山中期 120Ma±10Ma 最大热增温时刻[图 2-12(a)，表 2-6]。以府谷、榆林等地所采三叠系的露头样品为例，在三叠纪-晚侏罗世(145~250Ma)，沉积速率较慢，温度从地表

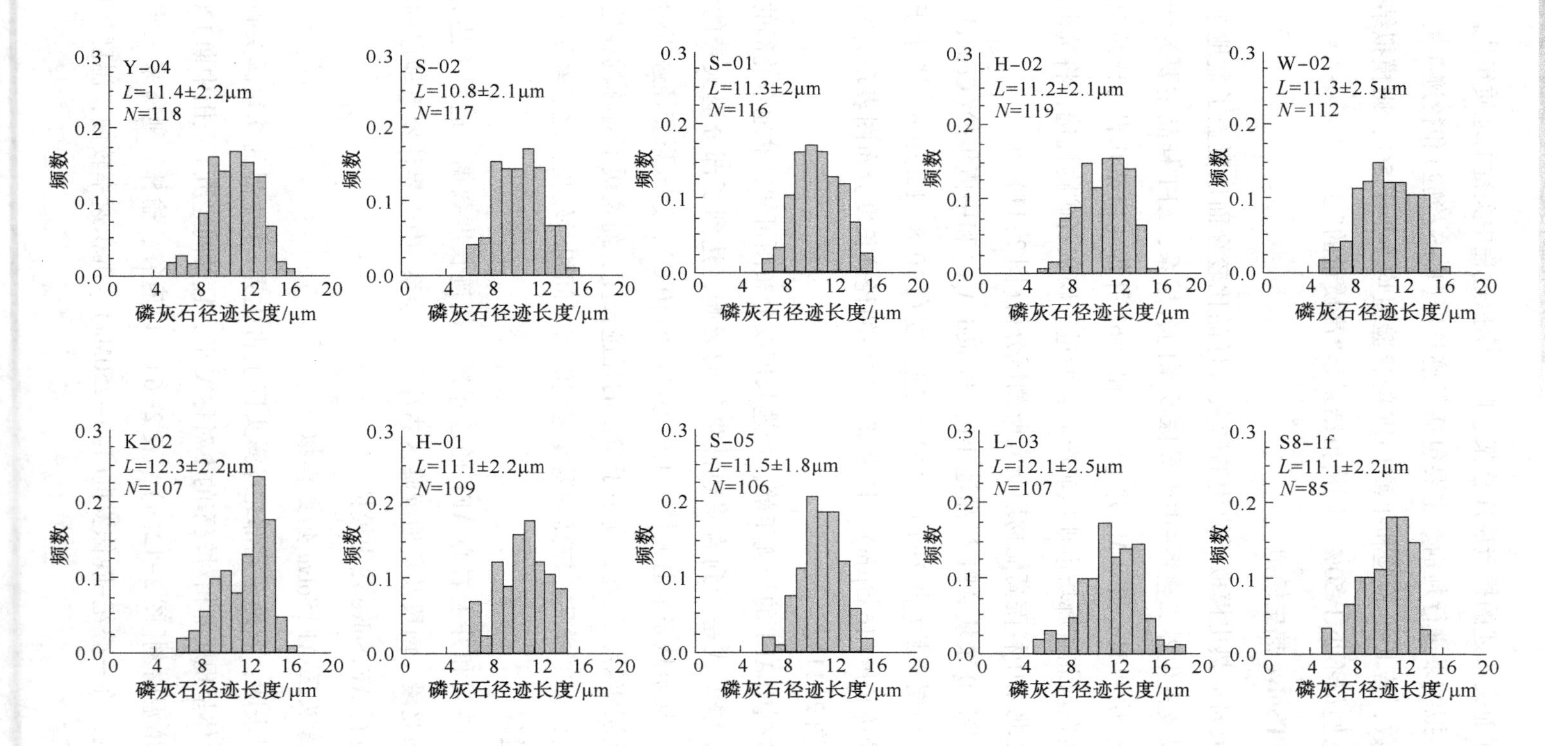

图2-11 盆地东北部磷灰石裂变径迹(AFT)长度分布图(L为平均径迹长度，N为样品颗粒数)

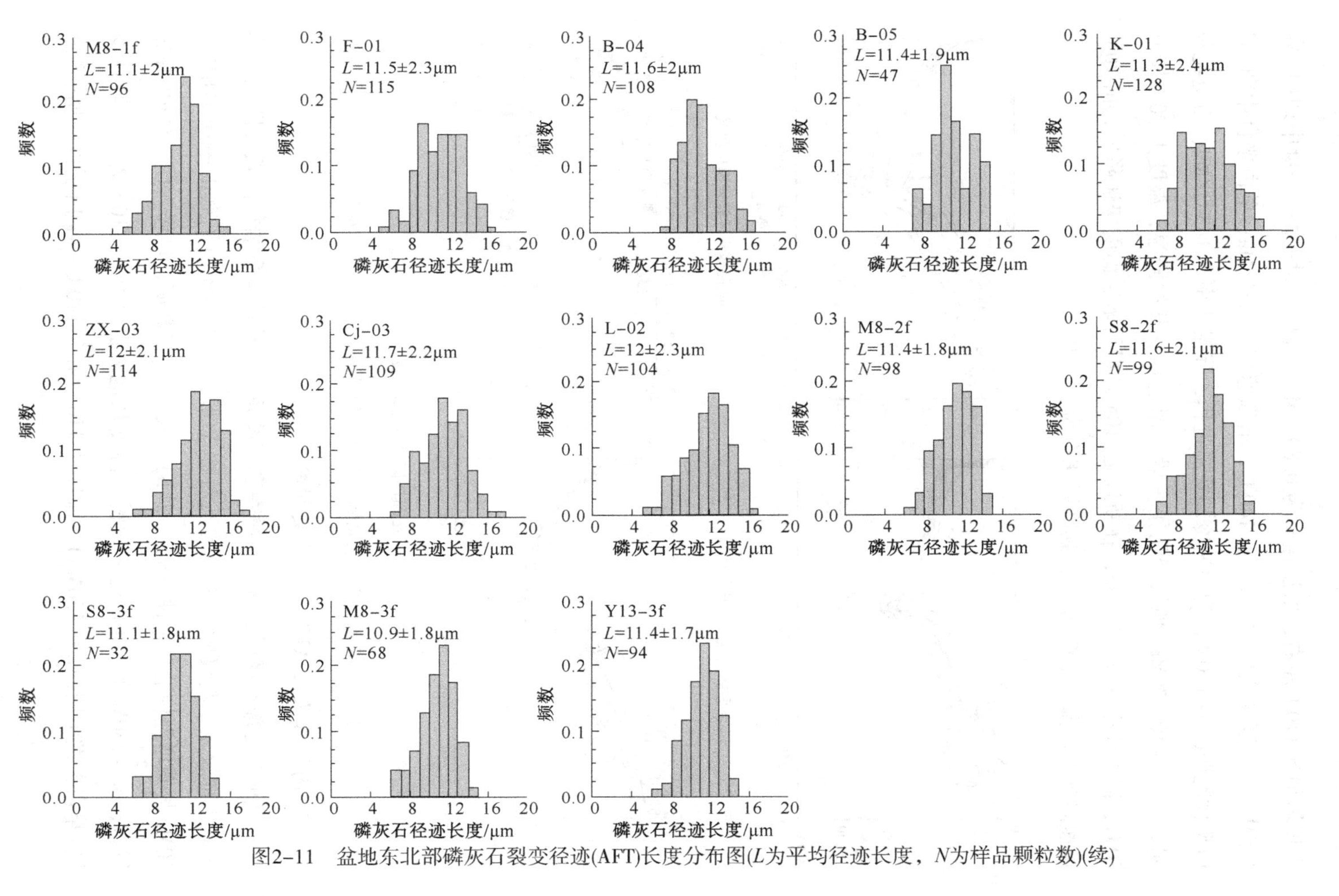

图2-11 盆地东北部磷灰石裂变径迹(AFT)长度分布图(L为平均径迹长度，N为样品颗粒数)(续)

温度增加到110℃左右，增温速率为0.8℃/Ma；晚侏罗世-早白垩世中期(120~145Ma)，温度快速从110℃增至140℃，增温速率为2℃/Ma；早白垩世中期-晚白垩世晚期(75~120Ma)为快速冷却降温过程，降温速率为1.3℃/Ma；古近纪早期-新近纪(10~75Ma)地层经历了一段恒温过程后开始降温，温度由90℃降到70℃，降温速率为0.4℃/Ma；在新近纪(10Ma)以后地层温度快速降低，由70℃迅速降到地表温度10℃左右，其降温速率为6℃/Ma。

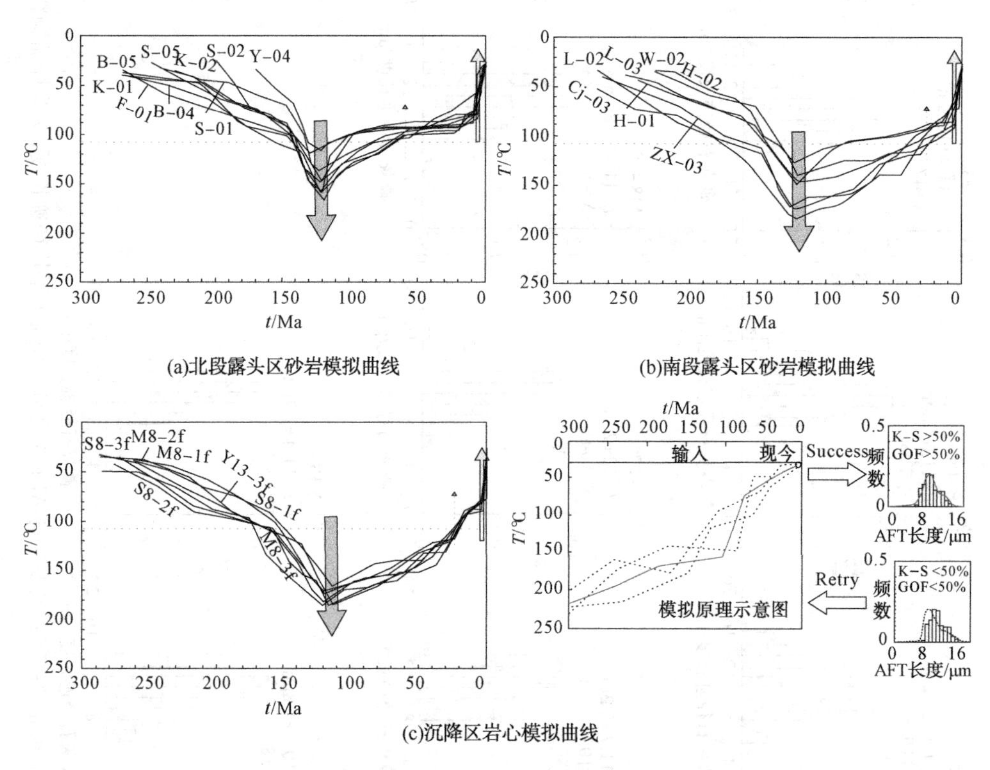

(a)北段露头区砂岩模拟曲线

(b)南段露头区砂岩模拟曲线

(c)沉降区岩心模拟曲线

图2-12 鄂尔多斯盆地东北部AFT热史模拟 t-T 曲线与模拟原理示意图

2. 南段露头区AFTSolve热史模拟

盆地东北部南缘露头区的二叠系和三叠系的7块露头砂岩样品热史路径总体呈现下部较宽、左翼陡右翼缓的不对称V形，且共同经历了燕山中期120Ma±10Ma埋藏增温构造热事件[图2-12(b)，表2-6]。其演化过程：在三叠纪-晚侏罗世(150~250Ma)，沉积速率较慢，温度从地表温度增至110℃左右；晚侏罗世-早白垩世中期(120~150Ma)，温度从110℃增至180℃；早白垩世中期-古近纪晚期(30~120Ma)为缓慢冷却降温的过程，降温速率为0.9℃/Ma；古近纪晚期-新近纪(10~30Ma)，地层温度由110℃降到70℃左右，降温速率为1.5℃/Ma；新近纪10Ma以后地层温度快速降低，由75℃迅速降到地表温度，其降温速率为6.5℃/Ma。

表 2-6 AFTSolve 热史模拟的 K-S 检验值和年龄 GOF 值

样品	K-S 检验[a]	年龄 GOF[b]	样品	K-S 检验[a]	年龄 GOF[b]	样品	K-S 检验[a]	年龄 GOF[b]
S-05	0.92	0.99	H-01	0.94	1	M8-1f	0.69	0.98
F-01	0.89	0.98	H-02	0.87	0.92	M8-2f	0.72	0.72
Y-04	0.96	0.97	ZX-03	0.92	0.93	M8-3f	0.66	0.88
S-01	0.9	0.95	Cj-03	0.95	0.96	S8-1f	0.79	0.81
S-02	0.92	0.99	L-02	0.9	0.94	S8-2f	0.79	1
B-04	0.73	0.98	L-03	0.93	0.99	S8-3f	0.95	0.92
B-05	0.83	0.96	W-02	0.96	0.98	Y13-3f	0.69	0.96
K-01	0.9	0.91						
K-02	0.53	0.94						

注：a)“K-S 检验”表示模拟径迹长度值与测试值的拟合程度；b)“年龄 GOF”代表模拟径迹年龄值与实测值的拟合程度，当年龄 GOF、K-S 检验值均不小于 0.05 时，表明模拟结果为“可以接受”，当它们均不小于 0.5 时，模拟结果则是“高质量的”。

3. 盆地沉降区 AFTSolve 热史模拟

盆地东北部沉降区高家堡 S_8 井、佳县 M_8 井和榆 13 井的 7 块上古生界岩心样品热史路径总体呈现宽缓的不对称 V 形[图 2-12(c)，表 2-6]。三叠纪-晚侏罗世(160~250Ma)，沉积速率较慢，温度从地表温度增至110℃左右，比北段露头区和南段露头区提前进入了封闭温度；晚侏罗世早期-早白垩世中期(120~160Ma)，温度从110℃增至180℃；早白垩世中期-古近纪晚期(30~120Ma)为缓慢冷却降温的过程，长期处于封闭温度以下，降温速率为0.9℃/Ma；在新近纪之后经历了短暂的恒温过程，温度保持在80℃左右；10Ma以后地层强烈快速抬升，温度由80℃迅速降到地表温度，其降温速率为7℃/Ma。

综上所述，盆地沉降区、南段露头区、北段露头区二叠系-侏罗系地层的 AFTSolve 热史模拟 t-T 曲线在总体规律相似的情况下，其埋藏增温阶段强度与时间，尤其是最大增温之后的降温过程，各区段还存在一定的差异性。主要表现为以下两个方面。

（1）盆地东北部古生界-中生界沉积地层最大埋藏增温时刻发生在燕山中期（120Ma），此时二叠系及其上覆地层经历了最高古地温。其中，盆地沉降区沉积地层温度相对较高，二叠系地层温度在160~180℃，上三叠统地层温度在130℃左右；南段露头区沉积地层温度次之，二叠系地层温度在160~175℃，上三叠统地层温度在120℃左右。北段露头区温度相对较低，二叠系地层温度在155~165℃，上三叠统地层温度在100℃左右。

（2）热史模拟结果显示：盆地东北部共同经历了三叠纪-晚侏罗世的缓慢埋藏增温过程、平均增温速率为0.9℃/Ma，晚侏罗世-早白垩世的快速增温阶段、平均增温率为2.1℃/Ma。之后北段露头区经历了75~120Ma的快速降温、平均降温速率约为1.3℃/Ma，以及10~75Ma的缓慢降温、平均降温速率约为0.4℃/Ma；南段露头区及盆地沉降区则经历了30~120Ma的缓慢降温、平均降温速率为0.9℃/Ma，以及10~30Ma的较快降温、平均降温速率为1.5℃/Ma。10Ma以来，盆地东北部区域性快速抬升冷却，平均降温速率接近6.5℃/Ma。

第三章

盆地西南部构造事件与差异隆升过程

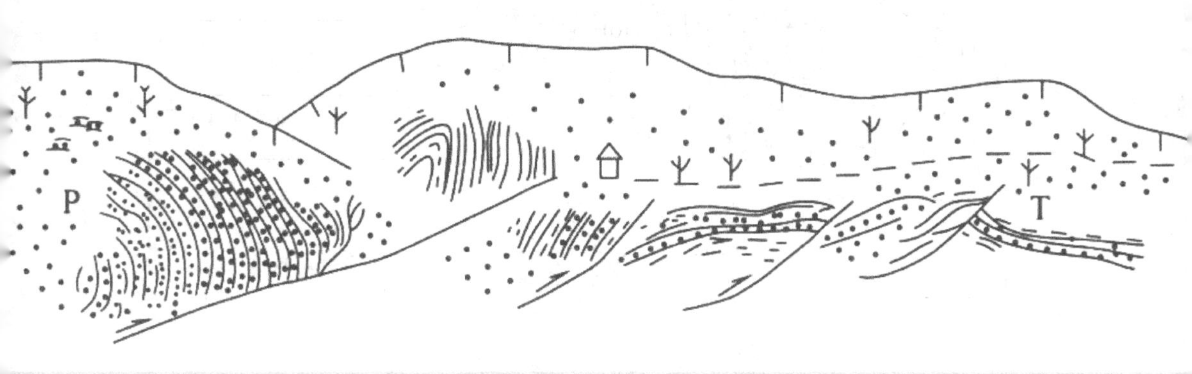

第一节 中-新生代构造事件的AFT年龄记录

鄂尔多斯盆地西南缘紧邻六盘山弧形构造带，地处秦-祁造山带北缘构造转折部位(图3-1)，主要包括马家滩-平凉-陇县区段的盆地西缘构造带(I_1)和

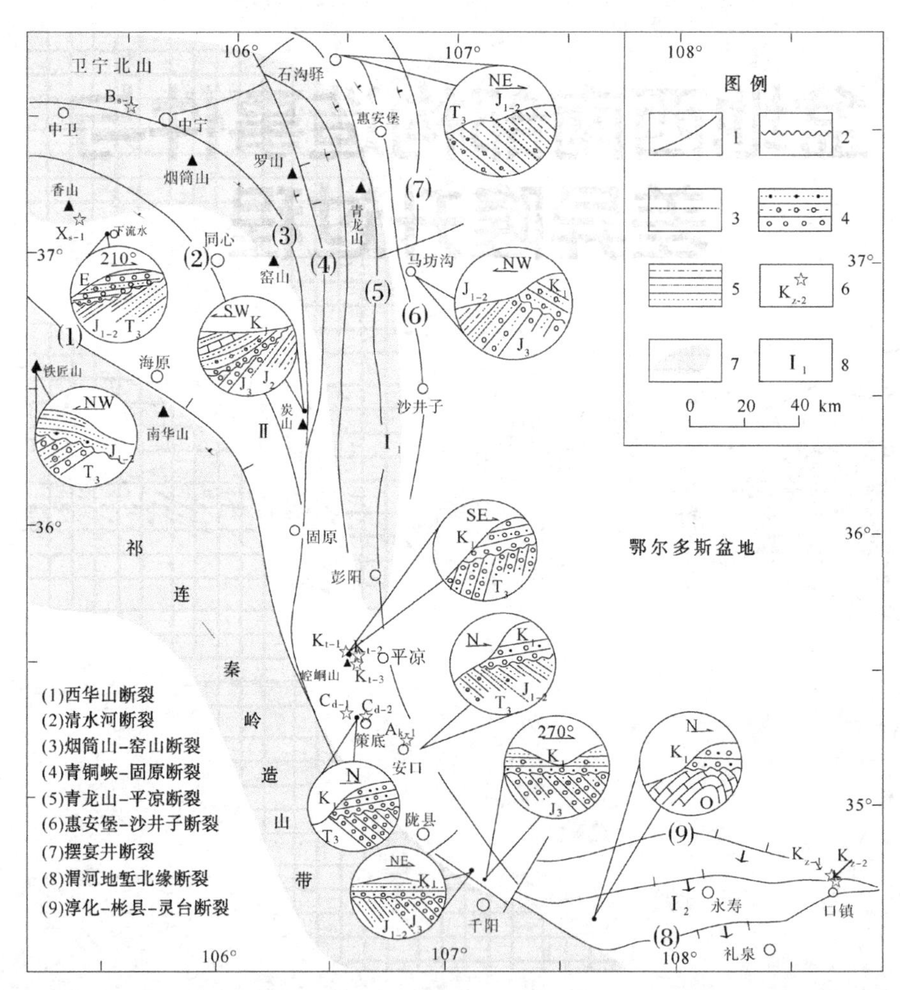

图3-1 鄂尔多斯盆地西南缘构造格架、地层不整合分布与采样点位置

1—断裂线；2—角度不整合；3—平行不整合；4—砂砾岩；5—泥质砂岩；6—采样点位置及编号；7—造山带和古隆起；8—构造单元分区

渭北隆起区段的盆地南缘构造带(Ⅰ$_2$)，并以青铜峡-固原断裂与其西侧的走廊-六盘山弧形构造带(Ⅱ)紧密相连，区域上构成了盆地西南缘的“反S形”构造体系(刘池洋，2005)。该区特殊的构造位置、复杂的构造变形和较好的古生界-中生界露头，不仅有可能细节地记录着盆地及邻区中-新生代演化的构造事件信息，同时为运用FT方法进行事件年代学研究提供了理想的采样和分析条件。

本次研究在鄂尔多斯盆地西南缘不同露头区块系统采集了石炭系-下白垩统等不同层位的样品，分别进行了锆石、磷灰石FT测试分析，采用χ^2概率检验和高斯拟合等方法筛分获取了系列的FT冷却年龄数据，并结合从该地区已有报道文献中选出的FT冷却年龄数据，综合探讨分析盆地西南缘(部)中-新生代构造演化的事件年代学序列，尤其是区域“不整合”构造事件在更窄时域的峰值年龄分布，以期为盆地构造动力学演化和多种矿产耦合成矿关系研究提供更为重要的定量年代学时间标尺和峰值年龄事件约束。

对鄂尔多斯盆地西南缘3个重点露头区段的上古生界-中生界不同层系采集了10块砂岩样品，每块样品重量不低于5kg，在中国科学院高能物理研究所进行了10个磷灰石样品和5个锆石样品的FT测试分析，采样位置及编号如图3-1所示。

 盆地西南缘FT测年数据解析

(一)西缘香山-卫宁北山地区

香山和卫宁北山地区的两个上古生界砂岩样品(X_{s-1}、B_{s-1})，磷灰石FT分析得到AFT-Central年龄属于明显小于地层年龄且$P(\chi^2)>5\%$的情况(图3-2，表3-1)，雷达图指示样品的所有单颗粒FT年龄均落入同一组，样品的AFT-Central年龄可视为冷却年龄，分别为65Ma±6Ma和65Ma±4Ma，与高斯拟合年龄(62Ma)相一致，总体表现为经历完全退火后反弹至未退火带的冷却年龄，指示一次重要的构造抬升事件。

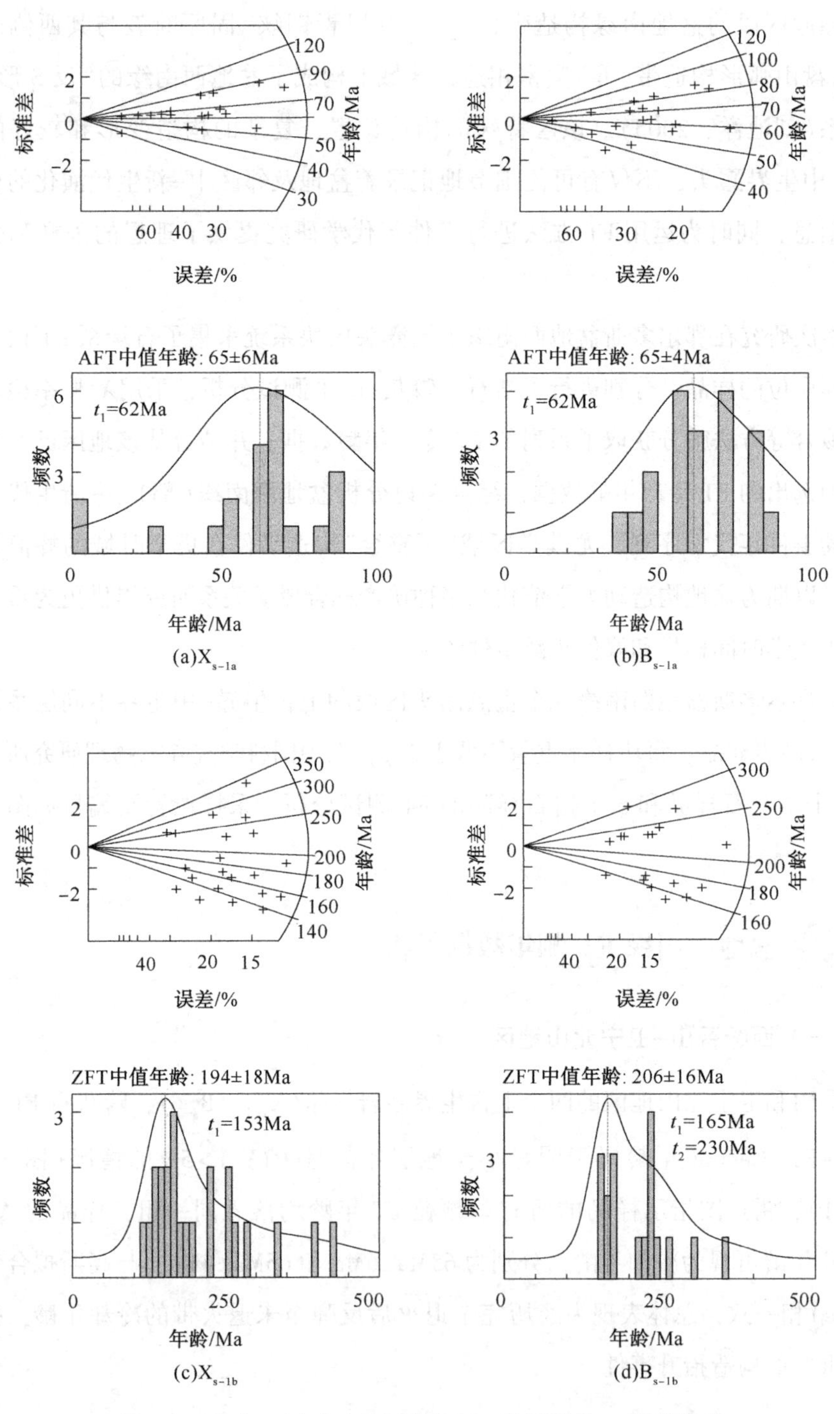

图 3-2　香山-卫宁北山地区磷灰石、锆石样品 FT 年龄组分

表 3-1　鄂尔多斯盆地西南缘磷灰石和锆石 FT 测试分析数据

地区	样品	层位	矿物	n	N_s	ρ_s/(10^5cm^{-2})	N_i	ρ_i/(10^5cm^{-2})	$P(\chi^2)$/%	中值年龄($\pm\sigma$)/Ma	池年龄($\pm\sigma$)/Ma	$L\pm\sigma$/μm(N)
香山-卫宁北山	X_{s-1a}	C	磷灰石	21	168	2. 662	3588	56. 854	94. 2	65±6	65±6	13. 2±1. 7(99)
	X_{s-1b}	C	锆石	23	3580	125. 152	1107	38. 699	0	194±18	213±13	
	B_{s-1a}	C	磷灰石	19	309	5. 644	5757	105. 145	81. 4	65±4	65±4	12. 9±1. 4(93)
	B_{s-1b}	C	锆石	18	3959	138. 878	1220	42. 797	0	206±16	213±13	
崆峒山	K_{t-1}	K_1	磷灰石	22	194	2. 145	3046	33. 681	0. 5	81±9	83±7	11. 9±1. 8(113)
	K_{t-2}	K_1	磷灰石	21	388	3. 987	5509	56. 609	0	89±11	100±6	12. 6±1. 8(111)
	K_{t-3a}	T_3	磷灰石	21	261	2. 576	1602	15. 811	7. 6	55±5	56±5	11. 7±2. 2(69)
	K_{t-3b}	T_3	锆石	20	5237	161. 932	1079	33. 364	0	304±32	311±19	
策底-安口	C_{d-1}	K_1	磷灰石	16	357	3. 492	7855	76. 835	10. 7	59±5	60±4	13. 1±2. 5(114)
	C_{d-2a}	T_3	磷灰石	14	73	1. 084	1196	17. 762	67. 6	86±11	86±11	12. 8±1. 8(114)
	C_{d-2b}	T_3	锆石	19	4265	121. 875	679	19. 403	0	385±44	402±27	
	A_{k-1}	J_2	磷灰石	14	369	4. 55	4485	55. 304	17. 0	115±9	118±7	12. 8±1. 2(104)
渭北口镇	K_{z-1}	T_2	磷灰石	15	120	1. 023	2245	19. 144	83. 8	63±6	63±6	12. 2±1. 8(110)
	K_{z-2a}	P_3	磷灰石	17	74	1. 246	3520	25. 916	15. 1	59±6	59±5	12. 7±1. 9(90)
	K_{z-2b}	P_3	锆石	19	4799	121. 745	1326	33. 639	0	213±32	241±15	

注：n—颗粒数；N_s—自发 FT 条数；ρ_s—自发 FT 密度；N_i—诱发 FT 条数；ρ_i—诱发 FT 密度；$P(\chi^2)$—χ^2检验概率；中值年龄($\pm\sigma$)—FT 年龄±标准差；$L\pm\sigma$—平均 FT 长度±标准差；N—封闭 FT 条数。

上述两个样品锆石 FT 分析得到的 ZFT-Central 年龄则属于小于地层年龄但 $P(\chi^2)=0$ 的情况(图 3-2，表 3-1)，雷达图指示样品的单颗粒 FT 年龄至少包含两个组分，样品的 ZFT-Central 仍为混合年龄。其中，香山地区 X_{s-1b} 样品的 ZFT-Central 年龄为 194Ma±18Ma，混合年龄分组解析给出一个相对年轻的 153Ma 峰值年龄；卫宁北山 B_{s-1b} 样品的 ZFT-Central 年龄为 206Ma±16Ma，混合年龄分组解析分别给出 165Ma 和 230Ma 两个事件年龄。由此认为，香山和卫宁北山是一个具有中生代相似构造热演化史的统一单元，至少共同经历了 3 次构造抬升事件，一是晚印支期构造事件，主要发生在 194~206Ma；二是燕山中期构造事件，主要发生在 153~165Ma；三是晚燕山末期构造事件，主要发生在 65Ma。这一结论表明，现今被新生代卫宁盆地分隔的香山和卫宁北山经历了相似的中生代构造热演化史和近乎一致的多旋回统一抬升，进一步暗示二者在前新生代很有可能是一个统一构造单元“香山-卫宁北山至罗山-青龙山-炭山”弧形古隆起带的重要组成部分。

(二) 西缘崆峒山-安口地区

崆峒山剖面仅有 1 块上三叠统样品(K_{t-3})进行了锆石 FT 年龄测定(图 3-3，表 3-1)，其 ZFT-Central 年龄属于稍大于地层年龄且 $P(\chi^2)=0$ 的情况，相当于源区 FT 年龄所占比例较大的混合年龄，混合年龄分组解析给出的较新年龄组对应的 210Ma 年龄，很大程度上代表了晚三叠世沉积末的一次构造抬升事件，而较老年龄组对应的 560Ma 年龄显然主要为物源碎屑残存的事件年龄。

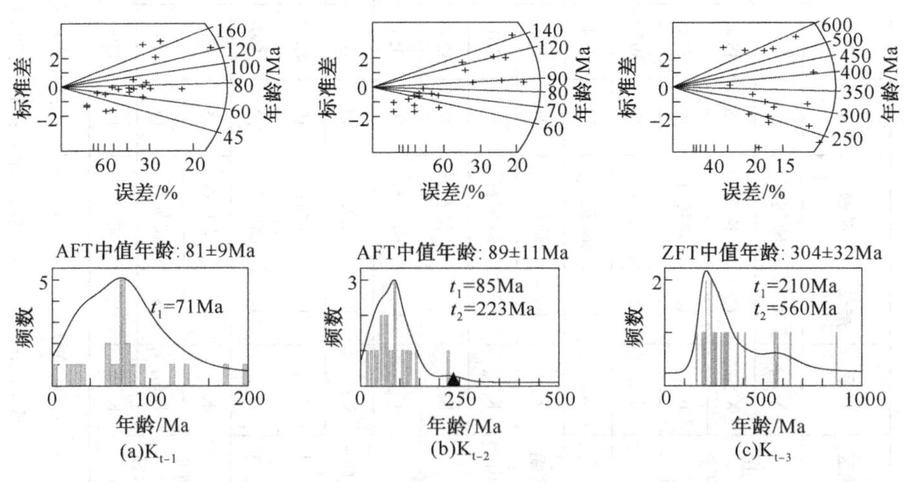

图 3-3 崆峒山剖面磷灰石、锆石样品 FT 年龄组分

崆峒山剖面有 2 块下白垩统砂岩样品($K_{t-1、2}$)进行了磷灰石 FT 分析，其 AFT-Central 年龄属于小于地层年龄且 $P(\chi^2)<5\%$ 或 $P(\chi^2)=0$ 的情况(图 3-3，表 3-1)，相当于年轻年龄组分所占比例较大的混合年龄，AFT-Central 年龄分布在 80~89Ma。通过混合年龄分组解析，K_{t-2}样品给出了 85Ma 和 223Ma 两个事件年龄，前者应该代表了早白垩世沉积之后晚燕山期构造抬升事件的冷却年龄，后者则很有可能是物源碎屑残存的晚印支期构造事件的年龄记录；K_{t-1}样品给出了 71Ma 的事件年龄，指示晚燕山期构造抬升事件的冷却年龄。

来自安口剖面的 1 块中下侏罗统砂岩样品(A_{k-1})，其 AFT-Central 年龄属于明显小于地层年龄且 $P(\chi^2)>5\%$ 的情况(图 3-4，表 3-1)，样品的 AFT-Central 年龄为 115Ma±9Ma，与高斯拟合年龄(约 114Ma)极为接近，共同表明这一地区存在中燕山晚期的一次重要构造抬升事件。来自策底剖面的 2 块上三叠统和下白垩统砂岩样品(C_{d-1}、C_{d-2a})，其 AFT-Central 年龄总体上可以归为明显小于地层年龄且$P(\chi^2)>5\%$的情况(图 3-4，表 3-1)，2 块样品的 AFT-Central 年龄分别为 59Ma±5Ma 和 86Ma±11Ma，年龄分组解析结果进一步给出了与其相应 AFT-Central 年龄在误差范围内基本一致的 66Ma 和 51Ma 两个年龄，表明这一地区存在以 51~66Ma 为峰值年龄的一次构造抬升事件，大致相当于晚燕山末期并有可能持续至早喜山期。

策底剖面的上三叠统 C_{d-2b}砂岩样品进行了锆石裂变径迹年龄测定，其 ZFT-Central 年龄为明显大于地层年龄且 $P(\chi^2)=0$ 的情况(图 3-4，表 3-1)，属于大于地层年龄的混合年龄。通过混合年龄分组解析，分别获得了与年轻年龄组对应的 145Ma 事件年龄、中间年龄组对应的 230Ma 事件年龄、最老年龄组对应的 395Ma 事件年龄。

由此看出，崆峒山-安口地区，上三叠统和下白垩统样品的锆石和磷灰石 FT 年龄数据的分组解析，分别获得了 210Ma、223Ma 和 230Ma 的事件年代学记录，尤其是崆峒山上三叠统样品的锆石 FT 年龄分布较为显著地给出了 210Ma 的高斯拟合年龄，很大程度上代表了这一地区晚印支期构造事件的峰值年龄。中下侏罗统样品的 AFT-Central 年龄和分组解析年龄极为一致地给出了 114~115Ma 的峰值年龄，上三叠统样品锆石 FT 年轻组分给出了约 145Ma 的事件年龄，表明这一地区中燕山期经历的两次构造事件。下白垩统样品的 AFT-Central 年龄与分组解析年龄基本吻合，总体给出了 51～89Ma 的晚燕山期构造事件年龄记录，但崆峒山样品年龄集中在 70～80Ma、策底样品年龄集中在 51～66Ma，分别指示这两个区块晚燕山期的差异抬升特点和发生在晚白垩世的早、晚两次构造抬升事件。

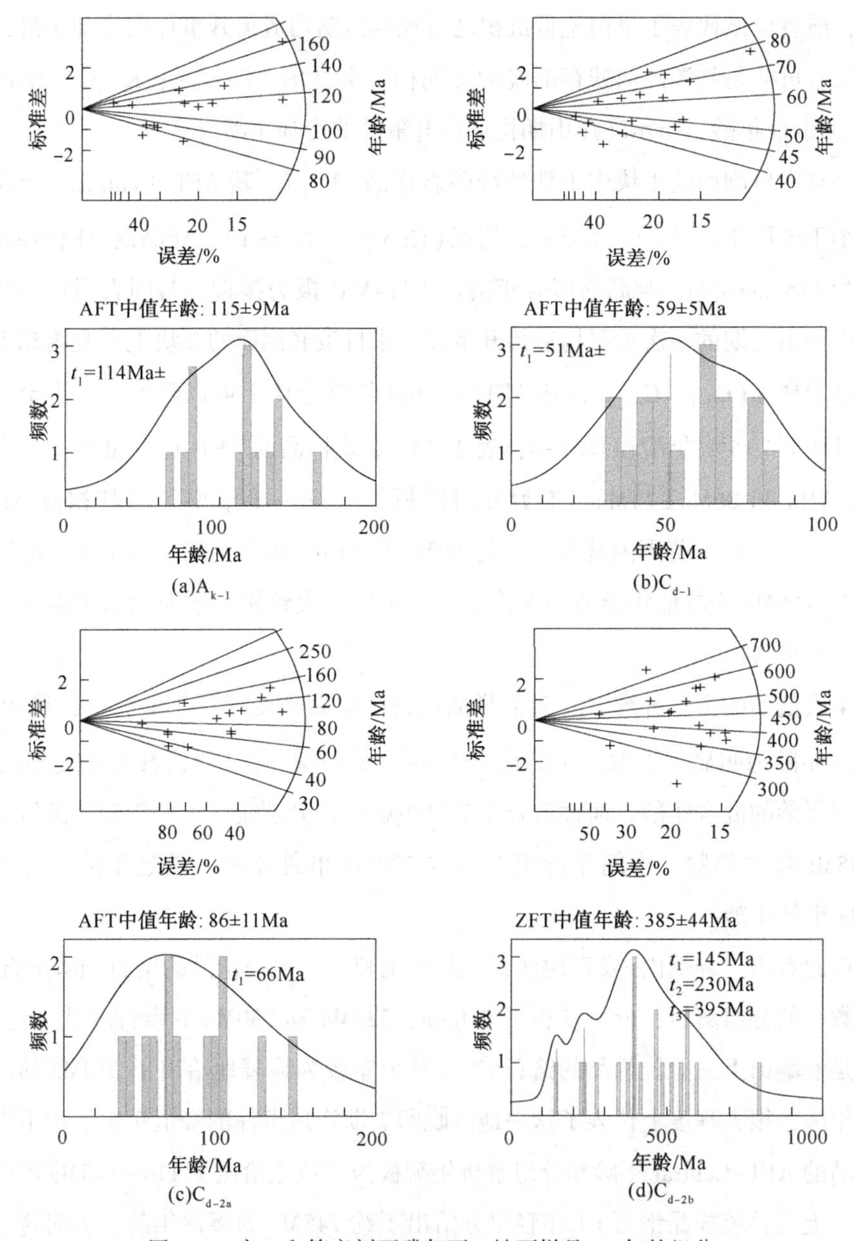

图 3-4　安口和策底剖面磷灰石、锆石样品 FT 年龄组分

（三）南缘口镇地区

对盆地南缘渭北隆起东段口镇剖面的 2 块上二叠统和中三叠统砂岩样品（$K_{z-1、2}$），分别进行了锆石和磷灰石 FT 分析（图 3-5，表 3-1）。上二叠统样品（K_{z-2}）的锆石 FT 年龄分析结果表明，其 ZFT-Central 年龄属于明显小于地层年龄且 $P(\chi^2)=0$ 的情况，样品的 Central 年龄（213Ma±32Ma）为新生径迹年龄占有较大比重的混合年龄。FT 年龄数据的分组解析分别给出了两个较年轻年龄组所对应的 113Ma 和 165Ma 年龄，两个较老年龄组对应的 298Ma 和 560Ma 年龄，前者有可能指示了这一地区存在的中燕山期的两次构造抬升事件，后者应该属于碎屑源区构造抬升事件的残留径迹年龄记录。

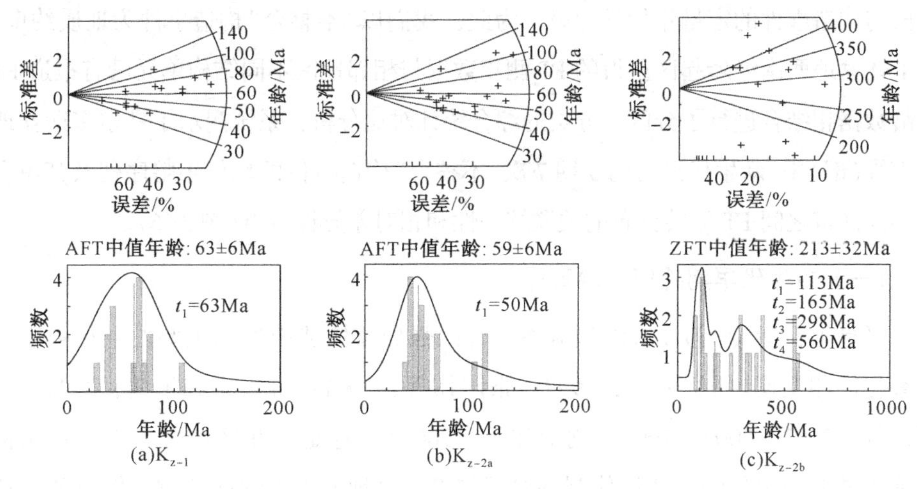

图 3-5 口镇地区磷灰石、锆石样品 FT 年龄组分

上二叠统和中三叠统 2 块砂岩样品的磷灰石 FT 分析结果表明（图 3-5，表 3-1），其 AFT-Central 年龄属于明显小于地层年龄且 $P(\chi^2)>5\%$ 的情况，样品的 Central 年龄分别为 59Ma±6Ma 和 63Ma±6Ma，并与其相应的年龄分组解析结果基本一致，共同代表了样品经历高温退火之后的抬升冷却年龄，表明这一地区显著的构造抬升事件主要发生在 59~63Ma 的晚燕山期，并有可能持续至早喜山期。

因此，盆地南缘的渭北隆起区，中生代以来至少经历过 3 次重要的构造抬升事件：一是锆石 FT 混合年龄分组解析所提供的中燕山早期 165Ma 和晚期 113Ma 的两次构造抬升事件信息；二是磷灰石 FT 冷却年龄指示的燕山晚期-喜山早期 59~63Ma 的一次构造抬升事件。

二、盆地西南部中-新生代构造事件的峰值年龄序列

上述石炭系-下白垩统露头样品FT测年数据主要给出了盆地西南缘隆起区带中生代经历构造事件的年代学信息，但不同层位样品的FT-Central年龄和矿物单颗粒FT年龄分组解析结果几乎没有获得新生代构造事件的年龄记录，暗示盆地西南缘隆起地区这些前新生代碎屑岩露头样品在中生代晚期已经抬升冷却至锆石和磷灰石FT封闭温度以前的低温状态。依据FT年龄的基本内涵及其统计学含义，沉降与抬升等不同构造单元、不同层位样品FT年龄数据的统计分析，有助于弥补隆起区带缺失后期构造事件年龄记录的不足，从而系统获得盆地西南部构造热演化阶段与构造事件的定量年代学约束。为此，我们以“不整合”构造事件为地质约束，将上述盆地西南缘隆起区获得的FT测年数据与相邻地区不同结构单元已有报道FT年龄数据相结合进行了分区、分类的综合统计对比分析，系统揭示了鄂尔多斯盆地西南缘(部)中-新生代经历的3期7次“不整合”构造事件的峰值年龄序列及其蕴含的不同区带之间FT年龄分布的关联统一性和相对差异性特点(图3-6)。

(一) 中生代早期峰值年龄事件

区域上，秦岭-祁连古洋盆最终闭合的强烈碰撞造山作用主要发生在中生代三叠纪的印支期(任纪舜等，1997；张国伟等，2001；万天丰和朱鸿，2002；翟明国等，2002，2003，2004；刘池洋等，2006)，这是华北区域由古生代板块构造环境转向中生代陆内变形体制并对鄂尔多斯盆地西南部地区有重大影响的构造变革事件。盆地西南部FT年龄的统计分布主要集中在三叠纪的200~230Ma，并包含有两个峰值年龄组：215~230Ma年龄组的统计峰值为225Ma，大致对应于中、晚三叠世之间的早印支期不整合构造事件；195~215Ma年龄组的统计峰值为205Ma，较好地对应于晚三叠世末的印支晚期不整合构造事件。另外值得注意的是，六盘山弧形构造带靠近造山带一侧的策底、崆峒山至盆地南缘口镇地区，晚印支期的FT年龄相对偏大，主要集中在210Ma~213Ma±，而远离造山带方向的弧形带外侧香山-卫宁北山地区晚印支期FT年龄相对偏小，主要集中在194~206Ma，一定程度上指示了秦-祁造山带印支期多幕次碰撞造山作用在鄂尔多斯盆地西南部产生的差异构造隆升效应。

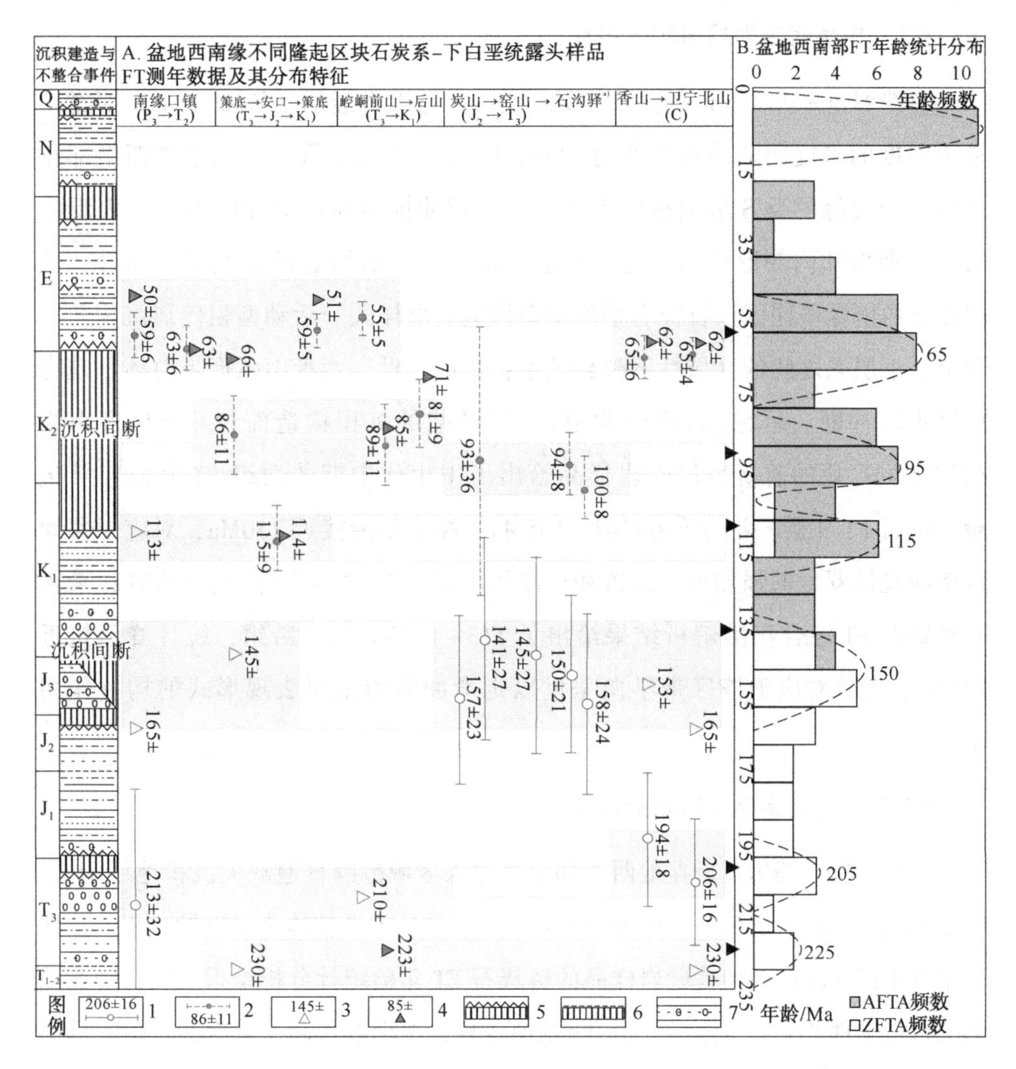

图 3-6 盆地西南缘(部)锆石、磷灰石 FT 峰值年龄分布与“不整合”事件对比关系

1—锆石 FT-Central 年龄及标准差(Ma); 2—磷灰石 FT-Central 年龄及标准差(Ma);

3—锆石 FT 高斯拟合年龄(Ma); 4—磷灰石 FT 高斯拟合年龄(Ma);

5—沉积间断与角度不整合界面; 6—沉积间断与平行不整合界面;

7—砂(砾)岩层; a)—据刘池洋, 2005;

盆地西南部 FT 年龄统计数据来自高峰、任战利、刘池洋和本次测试的

89 个样品数据, 其中包含盆地内部 LC1 井、H158 井、QS1 井、

QS2 井、XT1 井和 YC1 井等 6 口钻井岩性样品的 FT 分析数据

(二) 中生代中期峰值年龄事件

晚侏罗世-早白垩世的燕山中期，秦-祁造山带经历了不亚于印支期碰撞造山强度的多旋回陆内造山作用(张国伟等，2001)，鄂尔多斯盆地西南部相邻造山带北缘的反S形构造体系经历了以逆冲推覆和走滑冲断为主要表现形式的多期次陆内变形作用。晚侏罗世，六盘山弧形构造带强烈逆冲抬升，造成盆地西南缘不同区段特征有别的复杂构造变形样式、活动型粗碎屑沉积及其与上、下层系之间的区域性不整合关系；早白垩世，六盘山弧形带总体呈现为前缘走滑冲断、后缘(六盘山盆地)伸展断陷的沉积构造面貌。盆地西南缘(部)不同区块的前新生代砂岩样品给出了中生代中期的两组FT峰值年龄记录：锆石FT年龄广泛分布在141~165Ma，峰值年龄接近150Ma，对应于盆地西南缘晚侏罗世的强烈逆冲推覆和粗碎屑类磨拉石-“不整合”构造事件；磷灰石和锆石FT混合年龄解析结果给出了113~115Ma的年龄组，统计峰值接近115Ma，大致对应于该区带早白垩世以走滑冲断为主要表现形式的构造作用事件。

(三) 中生代晚期峰值年龄事件

晚白垩世，鄂尔多斯盆地西南部及其更大区域范围普遍缺失沉积地层记录，暗示晚燕山期的构造事件主体表现为较长时期的区域性整体隆升剥蚀过程。盆地西南部不同区块前新生代砂岩样品的磷灰石FT年龄统计分析结果表明，晚燕山期的构造事件并非一个连续的抬升-剥蚀过程，至少包含两个幕次的峰值年龄事件。较早一次抬升事件主要发生在81~100Ma的晚燕山早期，峰值年龄接近95Ma，而且具有北早(93~100Ma)、南晚(81~89Ma)的事件年龄分布特点；较晚一次抬升事件主要发生在55~66Ma的晚燕山末期，有可能持续至早喜山期，区域FT年龄统计峰值年龄集中在65Ma。

(四) 新生代峰值年龄事件

鄂尔多斯盆地西南部在经历晚白垩世两期峰值年龄事件的整体抬升-剥蚀之后，盆地西南边缘的六盘山地区接受了较大幅度的古近纪和新近纪断陷沉积，但盆地内部则仍然处于总体抬升状态，直到新近纪晚期的 3～8Ma，六盘山弧形隆起带前缘的盆地西南部沉降区发育了厚度在 40～120m 的红黏土沉积，并分别与下伏前新生代沉积层系和上覆第四系黄土层之间呈不整合或平行不整合关系。来自盆地西南部边缘露头和盆内钻井岩心样品的 FT 年龄统计分析结果显示，该区带新生代构造事件的年龄记录主要集中在 3～10Ma，峰值年龄接近 5Ma，表明盆地西南部地区新生代以来的强烈构造抬升主要发生在新近纪晚期，同时有可能暗示六盘山弧形隆起带前缘的新近纪红黏土沉积是在盆地西南部区域构造隆升背景下差异抬升–沉降的产物。

综合上述中–新生代“不整合”构造事件及其与峰值年龄分布的对比关系认为，鄂尔多斯盆地西南部中–新生代沉积–构造演化过程至少经历了 3 期 7 次的主要“不整合”构造事件。

（1）早印支期峰值年龄构造事件以中、上三叠统之间的区域“平行不整合”构造抬升为特征，主要发生在 223～230Ma，峰值年龄接近 225Ma。

（2）晚印支期峰值年龄构造事件以秦–祁造山带北麓六盘山弧形构造带残存的上三叠统顶界面的“角度不整合”或“平行不整合”冲断推覆变形及其山前坳陷区晚三叠世的活动型粗碎屑沉积为特征，主要发生在 194～213Ma，峰值年龄接近 205Ma。

（3）中燕山期峰值年龄构造事件以下白垩统顶、底界面的“角度不整合”冲断推覆变形及其山前坳陷区晚侏罗世和早白垩世初期的活动型粗碎屑沉积为特征，主变形事件发生在 135～165Ma，峰值年龄为 150Ma，后续走滑抬升事件的峰值年龄接近 115Ma。

（4）晚燕山期峰值年龄构造事件以区域性整体抬升–剥蚀及其古近系与下白垩统之间将近 40Ma 时间跨度的“角度不整合”或“平行不整合”为特征，至少包含早、晚两个幕次的峰值年龄事件，峰值年龄分别集中在 95Ma 和 65Ma。

（5）喜山期峰值年龄构造事件主要以新近系红黏土层分别与下伏前新生代沉积层系和上覆第四系黄土层之间的区域不整合或平行不整合构造抬升–侵蚀界面为特征，主要发生在近 10Ma 以来的新近纪晚期，峰值年龄接近 5Ma。

第二节　盆地西南部构造热演化史特征

本节主要分析基于 AFT 方法的构造热演化史。

一、方法与数据

本次 AFTSolve 热演化史模拟所使用的磷灰石样品比较全面地覆盖了盆地南部的各区段，以及震旦系-白垩系的各层系，AFT 样品主要为新鲜的露头砂岩 15 块和 N65 井、ZH39 井和 3062 井钻井岩心样品 11 块。AFT 砂岩样品在河北省廊坊市地质矿产调查所进行磷灰石矿物挑选，将选出的磷灰石矿物送往北京中科院高能物理研究所测试分析。

盆地南部 26 块 AFT 样品池年龄(Pooled Age)和中值年龄(Central Age)均小于其沉积地层年龄，AFT 径迹长度在 11.6~13.2μm，皆小于 AFT 初始的平均径迹长度(16.5μm)，且大部分样品的径迹长度分布图表现为宽缓的不对称偏峰，说明磷灰石裂变径迹在形成之后均遭受构造热事件的影响而发生部分退火，甚至是完全退火。

二、盆地南部不同结构单元的 AFT 热史模拟

针对盆地南部不同结构单元在燕山中期构造热事件的热增温过程中的确切时限、作用强度等做了详细的研究，运用 AFTSolve 模拟软件，对来自盆地南部 3 口井的 11 块钻井岩心样品和 15 块野外露头样品的磷灰石裂变径迹分析测试数据分别进行了 AFTSolve 热史路径模拟，多数样品的模拟结果达到了“高质量的”，少数样品的模拟结果为“可以接受”。

（一）六盘山地区 AFT 热史路径

盆地西缘六盘山地区磷灰石裂变径迹热史路径分布的对比关系显示，六盘山地区北段卫宁北山和香山地区 2 块样品经历燕山中期构造热事件的峰温年龄为晚侏罗世末期 150Ma。六盘山地区南段的崆峒山、安口、策底等地区的 6 块样品共

同指示了燕山中期构造热事件的最大增温时刻发生在 110Ma，大致相当于燕山中期盆地西南部山前冲断坳陷过程的早白垩世最大沉降-沉积时期。

尽管六盘山地区石炭系-白垩系地层存在不同的最大增温时间，但该地区的热演化历史基本相同，古生界-中生界的 AFT 样品共同经历了早三叠世-早侏罗世的缓慢增温阶段，平均增温速率约为 0.44℃/Ma；早侏罗世-早白垩世的快速增温阶段，平均增温速率接近 1.2℃/Ma，此时石炭系-白垩系地层的最大古地温在 100~180℃；之后六盘山地区开始抬升降温，大约在古近纪早期的 60Ma，石炭系及其上覆地层都被抬出了完全退火带，平均冷却速率约为 1.7℃/Ma，在经历了一段稳定期(部分地区缓慢抬升)之后，中新世 10Ma 开始加速抬升，平均冷却速率约为 4.6℃/Ma(图 3-7)。

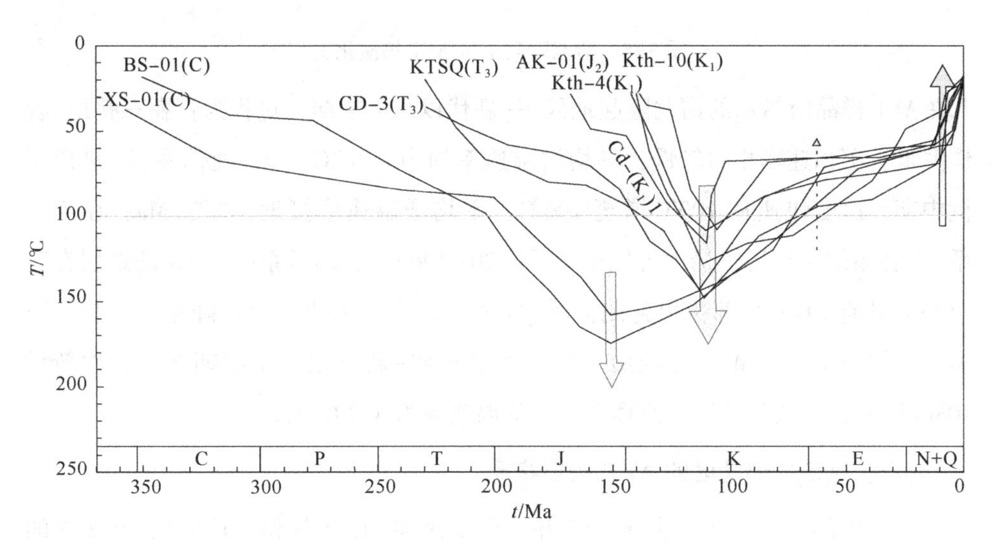

图 3-7　六盘山地区 AFT 热演化史

(二) 渭北隆起地区 AFT 热史路径

渭北隆起地区的震旦系-三叠系的 7 块露头砂岩样品热史路径总体呈现下部较窄、左翼陡右翼缓的不对称的 V 字形，且共同经历了燕山中期 110Ma±10Ma 埋藏增温构造热事件(图 3-8)。

两个震旦系 AFT 样品(ZLS-2、TWS-2)以及一个奥陶系 AFT 样品(JS-1)共同记录了鄂尔多斯盆地作为华北克拉通地块的一部分所经历的早古生代浅海台地、晚古生代滨海平原的热演化过程，其作为独立盆地始显于中三叠世纸坊期，

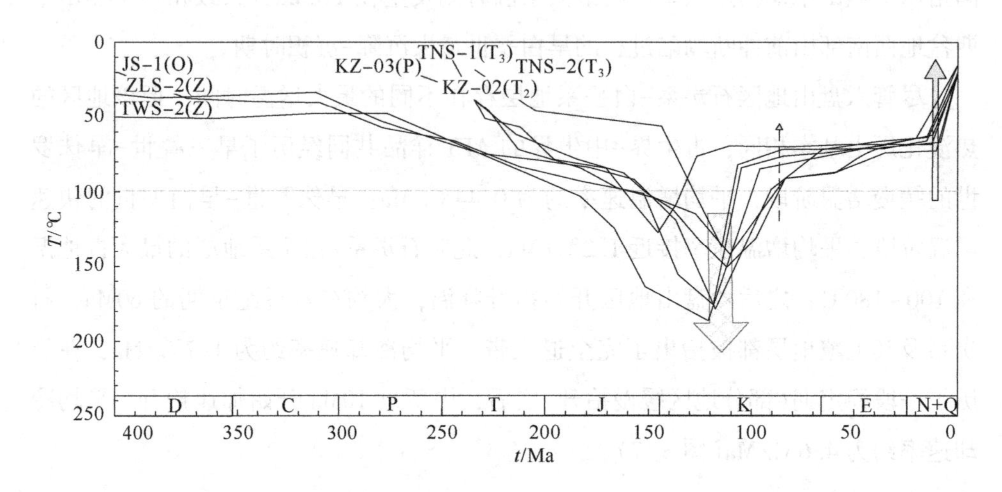

图 3-8　渭北隆起地区 AFT 热演化史

7 块 AFT 样品所指示的渭北隆起地区中-新代以来的热演化过程为：在三叠纪-晚侏罗世，沉积速率相对较慢，平均增温速率约为 0.65℃/Ma；晚侏罗世-早白垩世中期，温度快速从 100℃增至 190℃，平均增温速率接近 1.8℃/Ma；在震旦系-三叠系地层经历了最大古地温之后(120~190℃)，震旦系-三叠系的地层在晚白垩世早期 90Ma 全部抬出封闭温度(100℃)以上，为快速冷却降温的过程，降温速率约为 1.8℃/Ma；在经历了晚白垩世早期-新近纪的平稳期之后，中新世 10Ma 以来，该地区开始加速隆升，其降温速率为 4.7℃/Ma。

(三) 盆地内部地区的 AFT 热史路径

盆地内部地区宁县西北部 N65 井、庆城西部 ZH39 井和子长地区 3062 井的 11 块三叠系-侏罗系岩心样品热史路径总体呈现宽缓的不对称的 V 字形(图 3-9)。中晚三叠世-早白垩世早期，沉积速率较慢；早白垩世早期-早白垩世中期，沉积速率较快，此时三叠系-侏罗系地层的最大古地温在 110~160℃；早白垩世中期-古近纪早期为缓慢冷却降温的过程，长期处于封闭温度以下，降温速率为 0.8℃/Ma；始新世 50Ma，盆地内部三叠系-侏罗系地层开始抬出封闭温度(100℃)，并在始新世-中新世期间经历了短暂的恒温过程，温度保持在 80~90℃；中新世 10Ma 以来三叠系及其以上地层强烈快速抬升，温度由 80~90℃迅速降到地表温度，其降温速率为 2.4℃/Ma。

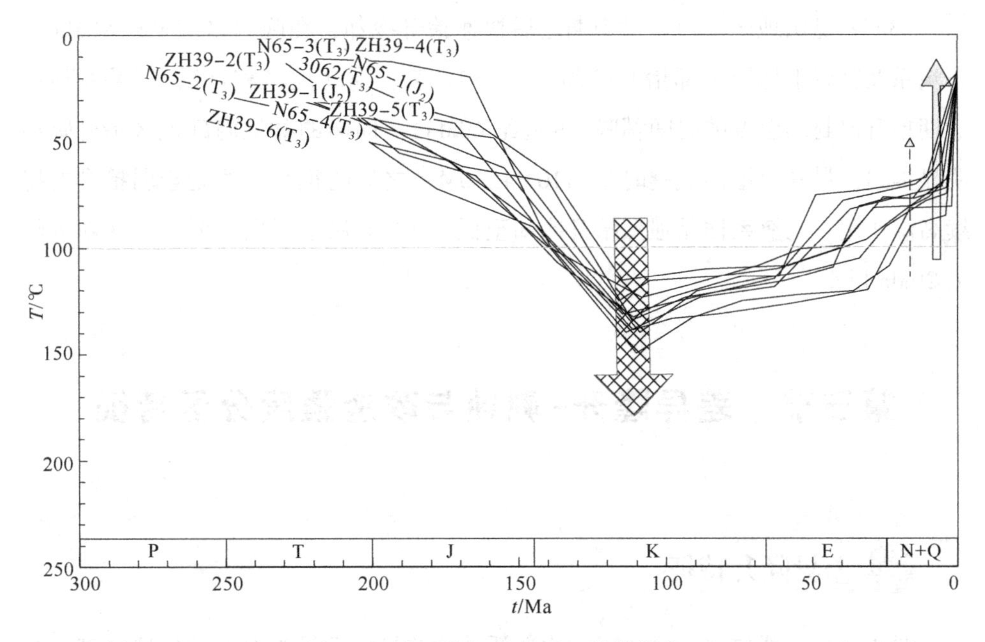

图 3-9　盆地内部地区 AFT 热演化史

综上所述，六盘山地区、渭北隆起地区以及盆地内部震旦系-白垩系地层的 AFTSolve 热史模拟 $t-T$ 曲线在总体规律相似的情况下，其埋藏增温阶段强度与时间，尤其是最大增温之后的降温过程，各地区还存在一定的差异性，主要表现为以下几方面：

（1）盆地南部不同结构单元、不同采样条件和层位样品的磷灰石裂变径迹热史路径均指示，燕山中期构造热事件之最高热增温作用的关键时刻为 110Ma±10Ma，相当于燕山中期盆地西南部山前冲断坳陷过程的早白垩世最大沉降-沉积时期，同时也大致接近区域构造岩浆热液活动时期。

（2）震旦系-白垩系不同层段样品在燕山中期构造热事件作用过程中经历的最大古地温区间一般为 110～190℃，其中，六盘山地区石炭系 AFT 样品最高温度在 150～170℃，渭北地区震旦系-奥陶系 AFT 样品经历的最高温度在 170～190℃。盆地南部各地区三叠系样品早白垩世中期的最高古地温显示，六盘山地区的古地温场相对较高（三叠系地层的最高温度 140～150℃），其次盆地内部地区（三叠系地层的最高温度 115～150℃），渭北地区古地温场相对较低（三叠系地层的最高温度 130～140℃）。

(3) 六盘山地区早白垩世中期之后快速抬升冷却，在晚白垩世早期 90Ma 时石炭系及其以上地层全部抬升冷却至低于 100℃；渭北地区震旦系-三叠系地层后期抬升出封闭温度的时间稍晚(古近纪 60Ma)，向南的盆地内部地区抬升降温明显推迟，最高热增温关键时刻(110Ma±10Ma)之后的很长时段处于弱抬升的持续高温作用，三叠系样品强烈抬升冷却至低于 100℃深度层次主要发生在新近纪的 20Ma 以来。

第三节　差异隆升-剥蚀与改造强度分区特征

差异隆升特征

渭北隆起是鄂尔多斯盆地南缘构造活动和差异隆升最为典型的构造区带，对其差异隆升过程的重点解剖有助于客观认识盆地南部晚白垩世以来差异隆升-剥蚀与改造强度分区特征。渭北隆起不同区段磷灰石裂变径迹(AFT)年龄总体记录了 3 期次的构造抬升冷却事件，分别为 146Ma、83~114Ma 及 59~63Ma(图 3-10)，其中 83~114Ma 南缘的构造抬升是这一地区普遍经历的最为显著的主导构造事件。年龄数据的空间分布特点进一步表明，南缘西段相对较早地经历了 146Ma 和 83~114Ma 的两期次构造抬升作用，南缘东段则相对较晚地经历了 83~114Ma 和 59~63Ma 的两期次构造抬升作用，总体显示了盆地南缘东、西段晚中生代以来构造差异隆升的时序关系。此外，59~63Ma 的构造抬升冷却事件大致对应于南侧相邻渭河断陷的初始断陷，与新生代渭河断陷和北西-南东向伸展构造系导致的盆缘断块翘倾和快速抬升冷却事件相一致。

二、盆地西南缘改造强度分区特征

在对盆地南部热演化史模拟的基础上，结合晚白垩世以来地温梯度的变化，并叠合本区晚白垩世以来的剥蚀厚度，系统研究本区晚白垩世以来的差异隆升与改造强度分区特征(图 3-11)。

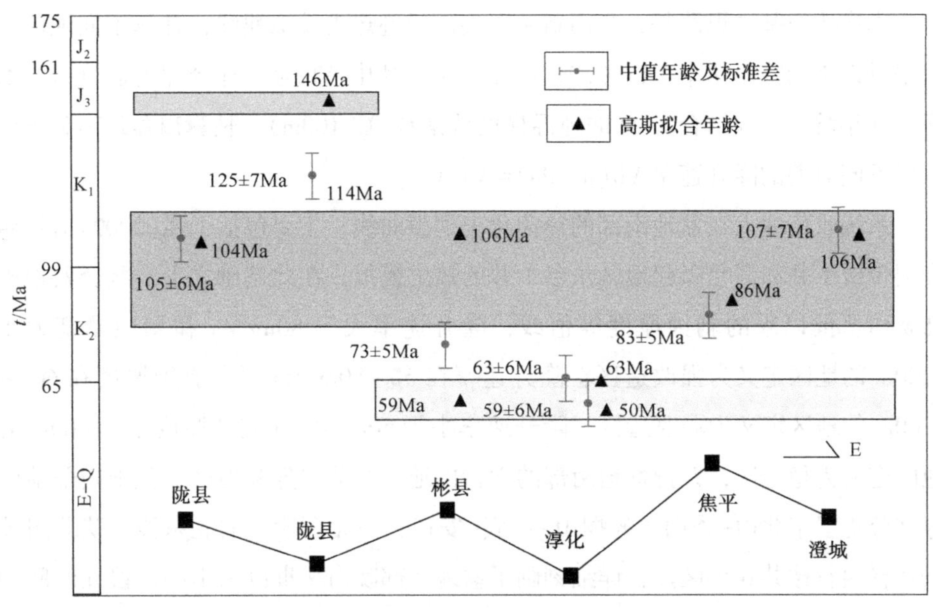

图 3-10　盆地南缘 AFT 年龄空间分布特征(据王建强，2010)

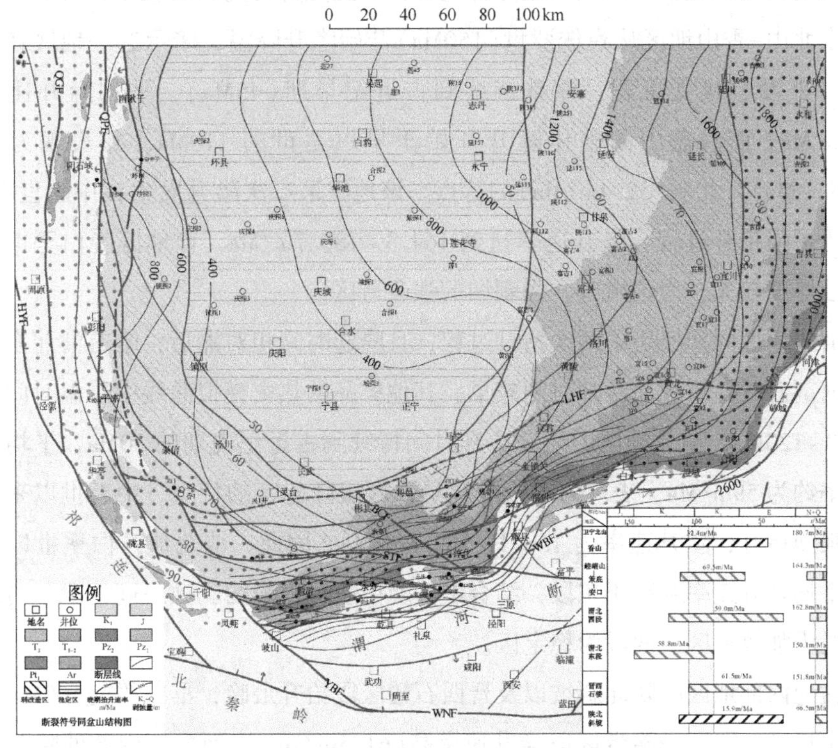

图 3-11　鄂尔多斯盆地南缘构造-剥蚀改造分区

本次研究基本思路是，利用磷灰石裂面径迹热史模拟曲线，计算不同地区晚白垩世以来的降温速率 VT(℃/Ma)=ΔT/Δt，其中 ΔT 为抬升冷却的温度差，Δt 为冷却年龄差，并结合 K-Q 的地温梯度数据 G(℃/100m)，估算出盆地南部不同区段不同时期的隆升速率 Vh(m/Ma)=VT/G。

系统收集前人在盆地南部的热演化史模拟曲线，主要包括于强(2009)对晋西挠褶带楼 1 井和渭北隆起地区永参 1 井的热史模拟，在此基础之上，叠合盆地南部晚白垩世以来的剥蚀厚度等值线，隆升速率大于 80m/Ma 和剥蚀厚度大于 1200m 的地区定义为强改造区，隆升速率在 50～80m/Ma 以及剥蚀厚度在 600～1200m 的地区定义为弱改造区，隆升速率小于 50m/Ma 和剥蚀厚度小于 600m 的地区定义为稳定区，并把盆地南部的六盘山地区、渭北隆起地区、盆地内部地区等细分为卫宁北山-香山、崆峒山-策底-安口、渭北西段、渭北东段、陕北斜坡以及晋西石楼共 6 个区段，详细刻画了盆地南部晚白垩世以来不同区段在时间和空间上的差异隆升强度与改造强度。

六盘山地区经历了两次构造隆升过程，并且隆升时间相对较早，尤其是北段的卫宁北山-香山地区从晚侏罗世(150Ma)开始隆升降温，暗示这一地区在早白垩世以来没有接受沉积，隆升持续到古近纪早期(45Ma)，平均隆升速率为 32.4m/Ma。而六盘山的整体隆升开始于早白垩世的 110Ma，并表现为南强(69.5m/Ma)、北弱(32.4m/Ma)的特点。该地区第二次隆升发生在中新世以来，并经历了强抬升过程，隆升速率达到 164.3～180.7m/Ma。该地区晚白垩世以来的剥蚀厚度较大，为强隆升、强剥蚀的强改造区。

渭北地区同样经历了两次抬升过程，且隆起时间相对滞后，唯有渭北东段的淌泥河剖面三叠系样品冷却时间较早，其他样品的热史模拟曲线中降温时间集中在 110～120Ma，渭北地区的第一抬升时间持续到古近纪晚期的 30Ma，平均的隆升速率约为 59m/Ma，表现为东段隆起早，西段隆起晚的特点。中新世以来渭北地区强烈抬升，隆升速率为 150.1～162.8m/Ma。因此，渭北地区白垩世以来西段的平均隆升速率要高于东段，结合本区晚白垩世以来的剥蚀厚度情况，渭北地区东段为强改造区，西段为稳定区。

盆地内部地区的陕北斜坡以及晋西石楼区段抬升最晚，早白垩世 100Ma 开始第一次抬升，晋西挠褶带区段隆升速率高(61.5m/Ma)，而盆地内部的陕北斜坡区段隆升速率低(15.9m/Ma)，同样，中新世(10Ma)盆地内部的陕北斜坡以及晋西挠褶带区段快速隆升。晚白垩世以来，盆地内部的陕北斜坡剥蚀厚度相对较弱，而晋西石楼地区的剥蚀厚度大，综合分析，盆地内部陕北斜坡为稳定区，晋西石楼为强改造区。

因此，盆地南部晚白垩世以来不同区段隆升时间、速率与改造强度的特征表明：从时间上看，盆地南部不同地区均经历了两次隆升事件，分别为早白垩世-古近纪和新近纪以来，而区域性的全面抬升则主要集中在早白垩世晚期-晚白垩世早期的85~105Ma和新近纪晚期的10Ma以来。由抬升速率可知，盆地南部隆升速率最强的时间发生在新近纪以来。从空间上来看，在第一次构造抬升过程中，六盘山地区北段的卫宁北山-香山地区抬升早，隆升速率中等(32.4m/Ma)，崆峒山-策底-安口区段、渭北隆起以及晋西石楼区段抬升时间稍晚，隆升速率较高(58.8~69.5m/Ma)，而盆地内部的陕北斜坡隆升速率最低(15.9m/Ma)。在第二次抬升过程中，卫宁北山-香山地区隆升速率较强(180.7m/Ma)，渭北地区和晋西石楼区段隆升速率相对较弱(150.1~164.3m/Ma)，盆地内部的陕北斜坡隆升速率最弱(66.5m/Ma)。综合盆地南部的晚白垩世以来的剥蚀厚度，卫宁北山-香山区段、崆峒山-策底-安口区段、渭北西段以及晋西石楼区段盆地内部为强改造区，渭北东段为弱改造区，盆地内部为稳定区(图3-11)。

第四章

油气成藏年代学

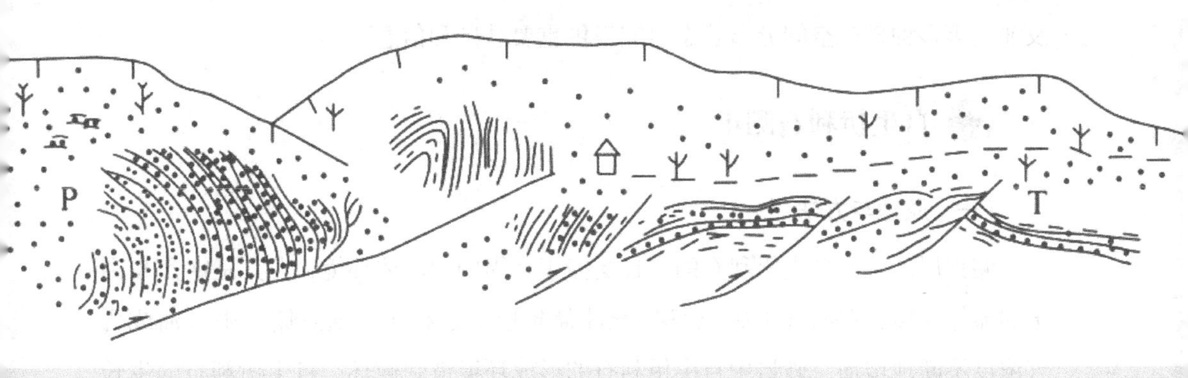

第一节　古生界天然气成藏年代学

选择盆地东北部沉降区已发现工业油气流的 Mn_5 井、S_8 井、M_8 井作为本次研究的重点井，系统采集下二叠统山西组－上二叠统石千峰组等不同含油气层段的中－细粒砂岩样品，分别进行了基于自生伊利石 K－Ar 测年和流体包裹体均一温度间接定年的油气成藏年代学研究，结合构造热事件年龄和抬升冷却事件年龄等的相关约束，并收集已有的研究成果，分析盆地东北部上古生界－中生界油气成藏的峰值年龄及其时序关系，以期为盆地东北部地区油气成藏的年代学序列以及油气等多种矿产空间分布状态研究提供重要基础和信息。

一、自生伊利石测年

（一）原理与方法

储集层砂岩中自生伊利石的成长受控于其周围的流体环境，尤其是富含 K 离子的流体介质，在油气生成－运移－充注储集层的过程中，随着储层中含油或含气浓度不断地增加，砂岩中自生伊利石的形成环境遭到破坏，自生伊利石的生长会受到抑制或停止生长，因此，当油气开始大规模充注－成藏时，自生伊利石的生长便会终止，通过对含油气砂岩中自生伊利石 K－Ar 测年，得到其形成/停止生长的年龄，这个年龄基本可以代表油气充注－成藏的最早年龄（Hamilton，1989；王飞宇等，1997；赵靖舟等，2002a，2002b，2002c；张有瑜等，2001，2002，2004；陈红汉，2007）。

含油气砂岩自生伊利石 K－Ar 测年主要由 6 部分组成，包括洗油，利用扫描电镜（SEM）、透射电镜（TEM）和 X 射线衍射（XRD）技术进行样品黏土矿物特征研究，自生伊利石分离提纯，K 含量测定，Ar 同位素比值分析和 XRD 纯度检测，还包括 K－Ar 年龄计算、校正与评价（张有瑜等，2001）。其中，基于 SEM、XRD 和 TEM 的伊利石成因类型鉴定和定量分析技术对自生伊利石黏土样品分离提纯的质量是决定其 K－Ar 同位素测年精度的关键（王飞宇等，1997；张有瑜等，

2002）。近年来的研究结果表明，自生伊利石的粒径通常小于碎屑伊利石，从中细砂岩分离提纯的小于1μm尤其是0. 15~0. 3μm和<0. 15μm两个粒级的伊利石，最有可能排除碎屑伊利石和钾长石矿物对测年结果的影响，并满足自生伊利石测年的样品需求。同时，伊/蒙（I/S）混层黏土矿物是砂岩储层成岩演化过程中蒙皂石（S）向伊利石（I）转化的过渡矿物，成岩自生伊利石主要存在于I/S间层之中，随着成岩过程的伊利石化程度的增大，伊/蒙混层矿物将由I/S无序混层向I/S有序混层转化，I/S无序混层或间层比大于40%的情况不适合自生伊利石K-Ar测年，I/S混层矿物含量越高（最好大于90%）、I/S有序度越高、I/S间层比越小（至少小于50%、最好小于10%），成岩自生伊利石的含量越高，越有助于获得与油气成藏相关的高纯度自生伊利石测年结果。

需要重点注意的是，即便是获得了与油气成藏时间基本吻合的自生伊利石K-Ar年龄，但与流体包裹体测温和生-排烃高峰分析等所推测的油气成藏年龄相比，自生伊利石年龄可能会偏大，尤其是晚期成藏情况下会更明显。一是自生伊利石年龄内涵实质上代表的是油气充注成藏事件的最大年龄；二是现有的分离提纯技术很难彻底剔除碎屑含钾矿物，也有可能导致自生伊利石年龄大于油气充注事件的年龄；三是多源-多期次油气成藏过程在大规模油气充注之前的早期油气充注作用也有可能较早抑制了砂岩储层的伊利石化，从而造成自生伊利石年龄老于大规模油气成藏事件的年龄。因此，自生伊利石测年对于油气成藏期次和年龄的解释仍然存在多解性问题，尤其是对于多期次油气成藏年代学研究，一定要结合多种方法和盆地东北部的沉积-构造史、成岩演化史和烃源岩生排烃史等进行综合分析，才有可能得到较为合理的年龄解释和较为理想的应用效果。

（二）样品数据

鄂尔多斯盆地东北部上古生界多层系复合含气的特点非常突出，尤其是米脂-神木地区的上二叠统石千峰组已有多口钻井发现了工业气流。选择上古生界不同层系尤其是上二叠统已发现工业性气藏的3口钻井，针对主要含油气层位的下二叠统山西组-上二叠统石千峰组分布采集含油气砂岩样品7块，并在中国石油勘探开发研究院进行了自生伊利石K-Ar测年分析，具体方法流程和年龄计算方法见张有瑜等（2001，2002）的相关文献。针对砂岩样品中自生伊利石采用分不同粒级提纯的方法，结合 SEM、XRD 和 TEM 等技术，分离出 0. 15~0. 3μm 和<0. 15μm两个粒级，最终评价分析给出了每块样品自生伊利石测年数据(表 4-1)。

表 4-1　盆地东北部二叠系砂岩自生伊利石 K-Ar 测年数据

样品编号	层位	含气性	粒级/μm	I/S 含量/%	I/S 间层比/%	钾长石(XRD)	钾含量/%	年龄/Ma	数据来源
Mn_{5-1a}	P_{3q}	气层	0. 15~0. 3	89	25	未检出	3. 78	125. 75±1. 56	本次测试
			<0. 15	88	25	未检出	3. 86	131. 40±1. 57	
Mn_{5-2a}	P_{2s}	气层	0. 15~0. 3	71	25	未检出	5. 11	108. 07±1. 48	
Mn_{5-3a}	P_{1s}	气层	0. 15~0. 3	100	5	未检出	7. 24	107. 96±2. 25	
			<0. 15	97	5	未检出	6. 99	110. 99±0. 80	
S_{8-1a}	P_{3q}	气层	0. 15~0. 3	57	25	未检出	3. 52	144. 81±3. 20	
S_{8-2a}	P_{2s}	气层	0. 15~0. 3	48	25	未检出	4. 13	122. 03±1. 57	
			<0. 15	50	25	未检出	4. 17	126. 73±1. 03	
S_{8-3a}	P_{1s}	气层	0. 15~0. 3	96	5	未检出	5. 90	178. 54±1. 32	
M_{8-1a}	P_{3q}	气层	0. 15~0. 3	78	25	未检出	3. 76	163. 26±1. 37	
			<0. 15	96	10	未检出	3. 95	160. 01±1. 51	
S_{25-1}	P_{3q}	气层	<0. 15	57	25	未检出	3. 81	152. 38±1. 11	张艳萍，2008
SS_{17-1}	P_{2s}	干层	<0. 15	70	25	未检出	5. 30	129. 06±1. 64	
F_{5-1}	P_{1s}	干层	<0. 15	99	5	未检出	7. 00	124. 95±0. 99	
M_{13-1}	P_{1s}	气层	<0. 15	96	10	未检出	6. 52	132. 46±1. 22	
Y_{84-1}	P_{1s}	干层	<0. 15	97	10	未检出	6. 44	160. 32±1. 31	

Mn_5 井、M_8 井、S_8 井二叠系不同层系黏土矿物扫描电镜特征显示(图 4-1)，盆地东北部二叠系地层发育的自生伊利石多为丝状或片丝状。分离提出后，0. 15~0. 3μm 和<0. 15μm 两个粒级组分下的 I/S 含量至少不小于 48%，绝大部分大于 70%，I/S 间层比小于 25%或 5%，说明分离提纯的这两个粒级组分均为较高纯度的自生伊利石，基本满足了伊利石 K-Ar 测年条件。除少量样品<0. 15μm 粒级组分的含量太低而只能给出 0. 15~0. 3μm 粒级组分的年龄之外，大部分样品获得了在误差范围内基本一致的两个粒级组分的年龄数据，表明所测样品 0. 15~0. 3μm 和<0. 15μm 两个粒级组分的伊利石 K-Ar 年龄基本接近自生伊利石的成岩

年龄，总体上代表了样品所在砂岩储层早期油气充注成藏事件的年龄。

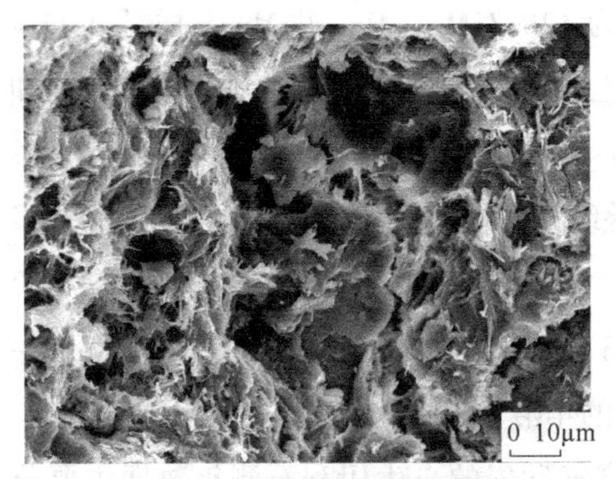

(a)Mn_5井P_2砂岩粒间溶孔内的丝状伊利石

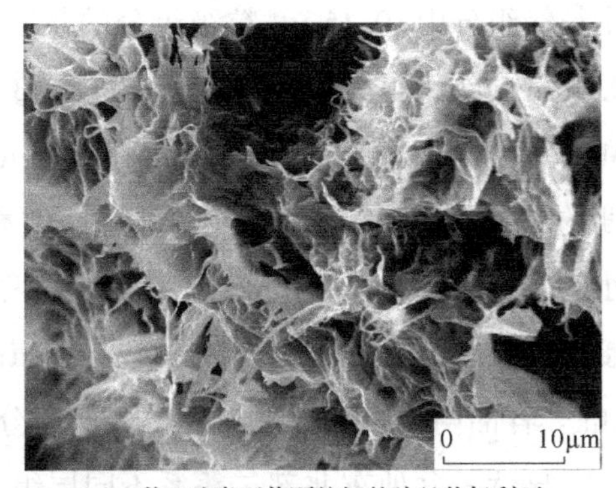

(b)M_8井P_3砂岩石英颗粒间的片丝状伊利石

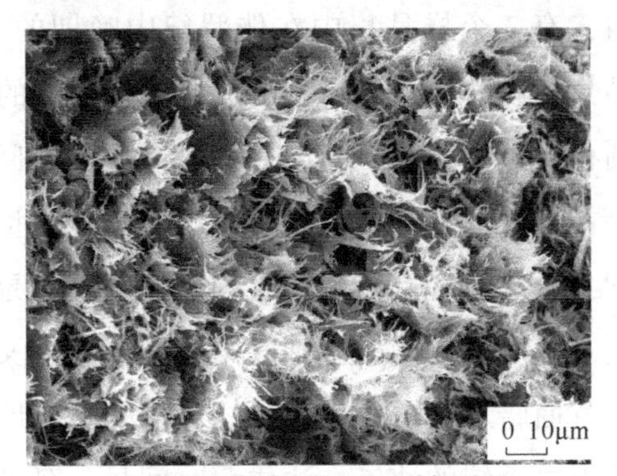

(c)S_8井P_2砂岩颗粒表面的丝状伊利石

图 4-1　盆地东北部二叠系砂岩样品的自生伊利石扫描电镜(SEM)特征

(三) 成藏年龄分析

依据盆地东北部 8 口钻井上古生界 P_1-P_3 砂岩样品自生伊利石 K-Ar 测年数据(表 4-1)，通过样品测年数据的对比分析可知：①下二叠统(P_1)两口钻井(S_8 井和 Mn_5 井)含气砂岩样品的自生伊利石 K-Ar 年龄分布在中晚侏罗世-早白垩世 107~178Ma 的较长时段，并且下二叠统(P_1)自生伊利石 K-Ar 年龄在空间分布上呈现由南向北逐渐减小的特点。其中，S_8 井 P_{1s} 自生伊利石在 0.15~0.3μm 粒级测出了相对较大的年龄(178.54Ma)，而缺少<0.15μm 粒级的自生伊利石年龄；S_8 井以北 Mn_5 井 Mn_{5-3a} 样品两个粒级组分的年龄大致接近，<0.15μm 粒级组分的年龄为 110.99Ma。②中二叠统(P_2)两口钻井(S_8 井和 Mn_5 井)含气砂岩样品的自生伊利石 K-Ar 年龄主要分布在早白垩世中期的 108~126Ma，并具有类似下二

叠统样品自生伊利石年龄自南向北逐渐减小的分布特点。其中，S_8 井 S_{8-2a} 样品两个粒级组分中<0.15μm 粒级组分的年龄为 126.73Ma，Mn_5 井 Mn_{5-2a} 样品 0.15～0.3μm 粒级组分的年龄为 108.07Ma。③上二叠统(P_3)三口钻井(M_8 井、S_8 井和 Mn_5 井)含气砂岩样品的自生伊利石 K-Ar 年龄主要分布在晚侏罗世-早白垩世早期的 125～163Ma，同样具有类似中下二叠统样品自生伊利石年龄自南向北逐渐减小的分布特点。其中，M_8 井 M_{8-1a} 样品两个粒级组分中<0.15μm 粒级组分的年龄接近 160Ma，S_8 井 S_{8-1a} 样品 0.15～0.3μm 粒级组分的年龄为 144.81Ma，Mn_5 井 Mn_{5-1a} 样品两个组分中<0.15μm 粒级组分的年龄为 131.4Ma。

显然，盆地东北部二叠系不同层组含气砂岩的自生伊利石测年数据主要分布在两个年龄区间组，有 3 个样品集中在侏罗纪中晚期的 144～179Ma 的较大年龄组，另 4 个样品集中在早白垩世中期的 110～132Ma 的较小年龄组，而且不同层组的自生伊利石年龄都具有自南向北明显减小的空间分布规律。一方面表明，盆地东北部上古生界的油气成藏至少包含了中侏罗世晚期和早白垩世两个主要期次，而且下二叠统包含有两个期次的成藏年龄记录，中二叠统以早白垩世成藏期为主，上二叠统的油气成藏则以第一期为主但又弥散于两个主成藏期之间的时段；另一方面暗示，上古生界生烃洼陷的米脂地区(M_8-S_8 井区)二叠系不同层系尤其是下二叠统的油气充注成藏时间早、延续时间长，而同一层组尤其是中下二叠统在其以北的隆起斜坡区(神木 Mn_5 井区)的油气充注成藏时间相对晚、延续时间相对缩短。由此认为，盆地东北部上古生界尤其是中下二叠统的油气动态成藏过程总体呈现为由南向北运聚、先后渐次成藏的年龄特点；上二叠统石千峰组的早期油气充注成藏作用与中下二叠统相似，都主要发生在晚侏罗世-早白垩世的 131～160Ma，且同样具有自南向北逐渐变晚的运聚成藏特点。

依据表 4-1 给出的盆地东北部 12 块样品不同粒级组分的自生伊利石年龄数据特点，选择<0.15μm 粒级组分和在缺少该组分情况下 0.15～0.3μm 粒级组分的年龄数据，进行了上二叠统和中下二叠统分类组合的统计分布制图(图 4-2)。统计分析结果至少提供了鄂尔多斯盆地东北部上古生界油气成藏期次及其峰值年龄分布的以下 3 个方面信息。

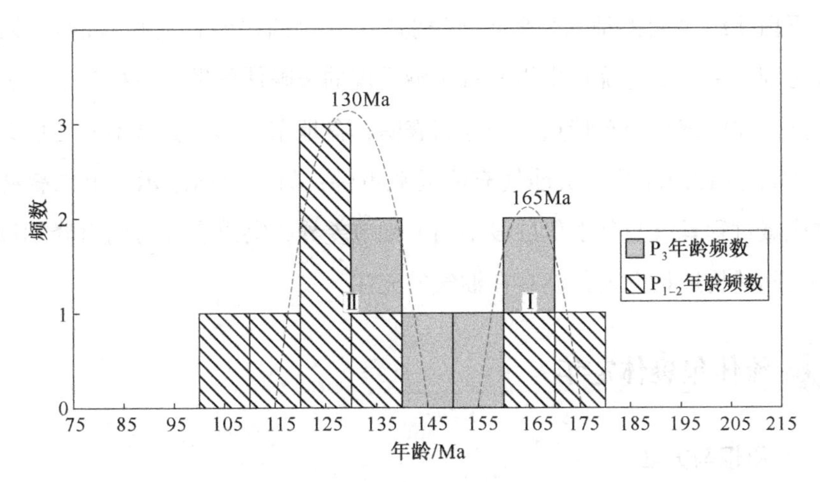

图 4-2 盆地东北部上古生界含气砂岩自生伊利石 K-Ar 年龄数据的统计分布特征

(1) 盆地东北部二叠系含气层段砂岩样品的自生伊利石测年数据主要分布在中晚侏罗世 155~175Ma 和早白垩世 115~145Ma 的两个分组区间，分别构成了 165Ma 和 130Ma 两个峰值年龄，较好地对应于上古生界烃源岩在中侏罗世晚期最大埋藏增温过程的主要生油气时期和在早白垩世构造热事件作用下的主要生气时期，指示了上古生界二叠系砂岩储层早(Ⅰ)、晚(Ⅱ)两个主要期次油气充注成藏事件的最大峰值年龄分布。显然，这两次主要成藏事件之间的分隔界限当是以侏罗系与下白垩统之间地层不整合关系为标志、峰值年龄集中在 150Ma 的构造变形-抬升剥蚀事件。

(2) 二叠系不同含气层段砂岩样品的两个峰值年龄组均不同程度地包含有上、中、下 3 个不同成藏组合层段的自生伊利石年龄，较老年龄组(Ⅰ)的中下二叠统自生伊利石年龄相对老于上二叠统，说明早期油气充注成藏过程具有下组合早于上组合的特点；较年轻年龄组(Ⅱ)的中下二叠统自生伊利石年龄分布范围宽，而上二叠统的年龄分布则相对局限，暗示早白垩世主成藏期的下组合油气充注时间早而长、峰值年龄接近 125Ma，上组合充注时间早而短、峰值年龄局限在该次成藏事件早期的 135Ma。

(3) 盆地东北部二叠系不同含气层段自生伊利石年龄数据分布的对比关系显示，上二叠统自生伊利石年龄散布在两组峰值年龄及其之间的过渡区段，在中侏罗统与下白垩统之间的地层"不整合"构造抬升时期仍然存在相应的年龄记录，而明显有别于中下二叠统自生伊利石年龄呈现的被晚侏罗世构造抬升事件分隔的两组年龄总体的统计分布特点。一方面表明，盆地东北部二叠系不同层段共同经历了165Ma和130Ma的两次油气充注成藏事件；另一方面暗示，上二叠统的油气充注成藏过程具有与其下伏层段不同的细节差异，突出表现为两组峰期油气成藏事件之间的构造抬升期仍然存在油气的充注。

流体包裹体定年

（一）原理与方法

在储层中的包裹体形成演化过程中，当油气进入储层前，形成盐水包裹体，当油气开始注入储层，便会形成液态烃、气液态烃、气态烃包裹体并与盐水包裹体共生，当油气藏形成后，储层中孔隙水被取替，一般不再形成包裹体。显然，盐水包裹体与烃类包裹体共生的情况出现在油气充注的过程中，因此，这些包裹体形成的时间可以代表油气大规模进入储层的时间，可视为油气成藏的地质时间。

根据成因可将包裹体分为原生包裹体、假次生包裹体、次生包裹体。与油气相关的多为次生包裹体，表现为油气运移充注或逃逸过程被石英或方解石次生加大或微裂隙捕获的烃类包裹体，如果这类包裹体及其与之共生的盐水包裹体在均一相态下捕获之后，没有受到后期流体或构造运动的破坏，即始终处于相对封闭和等容的体系中，那么在油气充注-成藏过程中经历的温度、压力等相关信息就会很好地保存在流体包裹体中（王飞宇，2002；卢焕章等，2004；陈红汉，2007；刘德汉等，2008）。

由于油气包裹体个体小，且单个包裹体内同位素含量不足以满足直接测年的需求，目前，人们常使用的方法为，依据含油气储层流体包裹体均一温度，结合沉积埋藏-热演化史可以间接确定油气运聚成藏期次。因此，流体包裹体均一温度的测定是流体包裹体研究中的重要内容之一。通常认为，沉积盆地中均一捕获的流体包裹体多呈单一的液相，但随着温压降低尤其是在室温条件下，显微镜观测岩石样品中的流体包裹就会变成气、液两相。在实验室中，将包裹体样品置于

显微热台上加热两相或多相流体包裹体均一到其捕获时均一相时的温度称为均一温度，这一温度大致可以代表流体包裹体捕获时的古地温。相关实验表明，盐水包裹体均一温度往往高于共生的烃类(油气)包裹体的均一温度，所以，利用流体包裹体(FI)间接定年通常选用与烃类包裹体共生的气、液两相盐水包裹体均一温度，采用流体包裹体均一温度与热演化史 t-T 曲线相结合的方法估算油气充注-成藏时间(肖贤明等，2002；陈红汉，2007)。

实际上，油气的运聚成藏作用通常是指油气不断向圈闭中运移充注并不断富集达到一定充满度为止的动态聚集过程，不仅具有幕式充注、连续分异的多期次成藏的特点，而且不同成藏期次之间往往存在成藏过程的中断或遭破坏。后期成藏过程往往伴随着不同于前期构造热环境的油气再次充注或另有烃源岩生成油气的再次充注，从而导致含油气储层中不同成藏期次的流体包裹体在成分含量、流体性质和温压条件等方面的明显差异。因此，不同期次的油气充注-成藏过程，会在储层的成岩烃类包裹体中记录下不同的温度、压力等信息，其共生的盐水包裹体均一温度会呈现多个相对独立的总体分布状态，每个相对独立的总体基本可以代表与一定构造演化阶段相对应的油气充注-成藏记录的流体包裹体均一温度的总体水平，换言之，相对对立的流体包裹体均一温度分布总体可以代表油气充注-成藏的期次，它们在其相应热史剖面上的投影年龄可以提供多期次油气成藏的重要年代学约束(李明诚等，2005；陈红汉，2007)。

(二) 样品数据

分别采集了鄂尔多斯盆地东北部复向斜翘升端弧形构造隆起带至盆地沉降区 $Mn_5 \rightarrow S_8 \rightarrow M_8$ 等上古生界二叠系-中生界三叠系不同含油气层系的 9 块砂岩岩心样品，磨制并观察鉴定了包裹体薄片的岩石矿物学特征及其不同类型流体包裹体的赋存状态，在核工业地质研究院(北京)和西北大学地质系的 LINKAM THMS600 冷热台上分别测试了上古生界和中生界含油气砂岩样品，获得了与油气包裹体共生的含烃盐水包裹体的气液比和均一温度等分析数据，同时还收集了盆地沉降区南部地区前人所测得的三叠系延长组的流体包裹体均一温度等数据(表 4-2)。岩石样品薄片鉴定和包裹体分析结果总体显示如图 4-3 所示。

表 4-2　盆地东北部二叠系钻井岩心样品的流体包裹体测温数据

样品	层位	赋存产状	盐度/%	盐水包裹体均一温度(Th/℃)分布及测点个数(*n*)
Mn_{5-1b}	P_3	次生加大石英与穿石英加大边裂纹	2.6~12.8	第1期(64.7~84.6)℃/(*n*=7)，第2~3期(90.3~124.5)℃/(*n*=12)
Mn_{5-2b}	P_2	方解石胶结物与石英加大边裂纹	0.9~2.1	第1期(69.7~97.2)℃/(*n*=8)，第2期(103.1~123.4)℃/(*n*=5)
Mn_{5-3b}	P_1	方解石胶结物与石英加大边裂纹	0.9~17.5	第1期(70.1~96.7)℃/(*n*=10)，第2期(104.7~132.6)℃/(*n*=19)
S_{8-1b}	P_3	次生加大石英与穿石英加大边裂纹	0.7~1.6	第1期(78.2~101.5)℃/(*n*=4)，第2~3期(107.2~121.4)℃/(*n*=7)
S_{8-2b}	P_2	次生加大石英及裂纹	2.4~12.8	第1~2期(70.6~94.3)℃/(*n*=14)
S_{8-3b}	P_1	次生加大石英方解石胶结物	3.4~16.8	第1期(77.4~101.3)℃/(*n*=15)，第2期(103.4~130.2)℃/(*n*=6)
M_{8-1b}	P_3	次生加大石英及裂纹	2.6~4.5	第1期(68.2~85.3)℃/(*n*=6)，第2~3期(107.3~123.2)℃/(*n*=3)
M_{8-2b}	P_2	方解石胶结物与石英加大边裂纹	1.6~2.3	第1期(78.3~82.4)℃/(*n*=3)，第2期(117.4~134.8)℃/(*n*=10)
M_{8-3b}	P_1	次生加大石英及裂纹	2.6~4.2	第1期(72.5~82.5)℃/(*n*=6)，第2期(118.1~121.3)℃/(*n*=2)

盆地沉降区北部神木-米脂区块上古生界二叠系含气砂岩样品薄片鉴定和流体包裹体分析结果显示(图4-3)：主要发育2期或2~3期的油气包裹体。第一期主要发育于石英次生加大早期，沿石英次生加大边内侧或未切穿次生加大边的裂隙分布，多为深褐色的液态烃包裹体，且具有较高的丰度(GOI接近5%)，与其共生的含烃盐水包裹体均一温度主要分布在70~90℃；第二期主要发育于石英次生加大边和方解石胶结物，或沿部分切穿石英次生加大边的裂隙分布，多为淡黄色带状或成群分布的液态烃(或气液烃)包裹体，显示浅蓝绿色荧光，含量丰度较低(GOI一般小于3%)，与其共生的含烃盐水包裹体均一温度主要分布在110~130℃。这两期以液态烃为主的烃类包裹体在二叠系不同层组的砂岩样品中都有较多的分布。另外，还有一期(或称为第三期)主要见于上二叠统石千峰组砂岩的晚期方解石胶结物或切穿石英颗粒及其次生加大边的裂隙，含量丰度相对

较低(GOI 小于1%~2%)，一般呈零星孤立状或带状分布，多为显示蓝绿色荧光的气液烃或灰色气态烃包裹体，与其共生的含烃盐水包裹体均一温度主要分布在90~110℃。

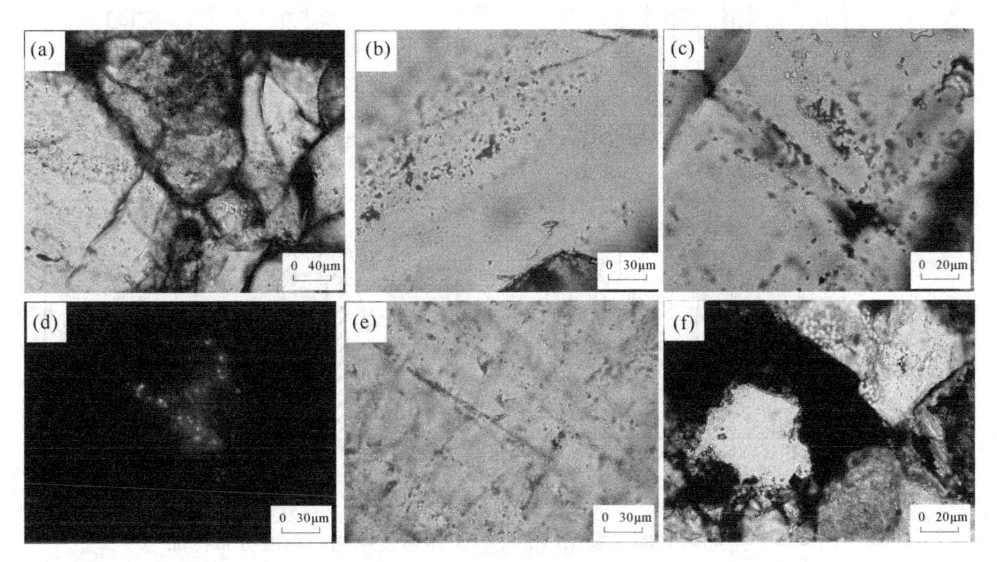

图 4-3 二叠系储层中的包裹体类型及其赋存状态

(a)为 S_8 井 P_2砂岩石英次生加大和晚期方解石胶结物中的深褐色液态烃包裹体与共生的无色盐水包裹体；(b)为 S_8 井 P_1砂岩沿石英加大边分布的深褐色液态烃包裹体；(c)和(d)分别为 S_8 井、Mn_5 井 P_3砂岩石英次生加大及其切穿加大边愈合裂隙呈带状分布的深褐色液态烃、灰色气液烃包裹体和 UV 激发蓝绿色荧光气(液)烃包裹体；(e)为 Mn_5 井 P_3砂岩石英矿物共轭裂隙带灰色气液烃包裹体与共生盐水包裹体；(f)为 Mn_5 井P_3砂岩粒间孔充填沥青和石英加大边愈合裂隙的灰色气液烃包裹体

(三) 成藏期次与成藏时间

P_1与 P_2包裹体(FI)测温数据具有相似分布特征(图 4-4 中 P_1、P_2)，总体显示出温度不连续的 2 个近似正态分布总体。P_1与 P_2包裹体测温数据区间分布在 70~135℃，其中，P_1第一个总体 $Ⅰ_{P_1}$对应的峰值温度为 85℃，第二个总体 $Ⅱ_{P_1}$对应的峰值温度为 120℃；P_2包裹体测温数据两个总体($Ⅰ_{P_2}$和 $Ⅱ_{P_2}$)分别为 83℃和120℃。P_1与 P_2两个总体之间存在较为明显的温度间隔区 97~103℃。

P_3流体包裹体测温数据显示出与其下伏的 P_1和 P_2不同的分布特征，总体表现为 3 个近正态分布的总体(图 4-4 中 P_3)。3 个总体之间存在的温度间隔区中值分别为 90℃和 107℃。第一个温度连续分布的总体 $Ⅰ_{P_3}$区间为 65~85℃，峰值接

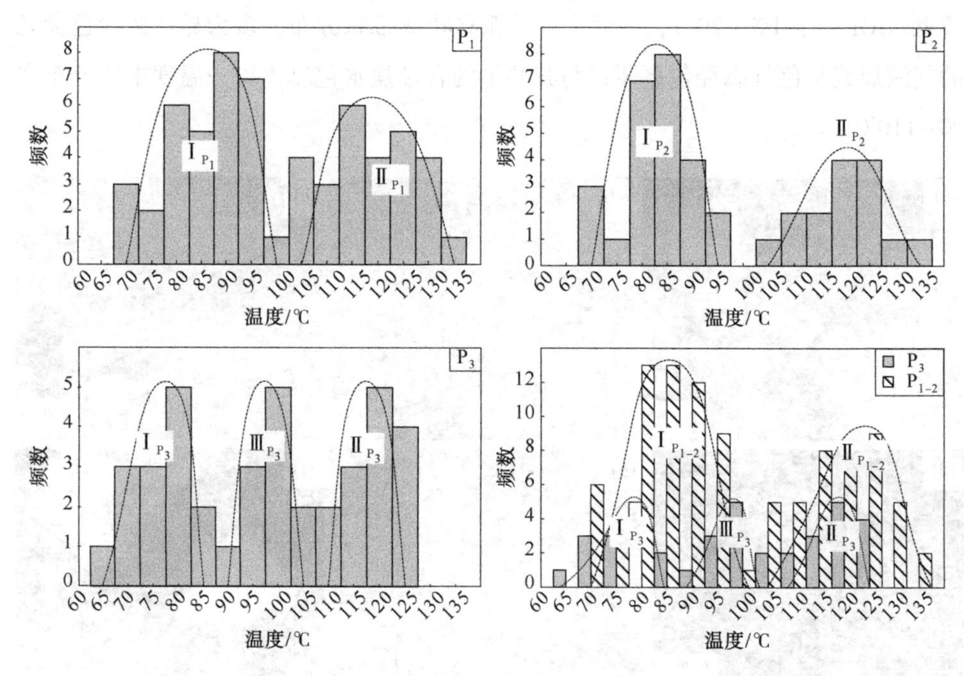

图 4-4 盆地东北部二叠系($P_1 \sim P_3$)流体包裹体均一温度分布特征

近 78℃；第二个总体$Ⅲ_{P_3}$温度分布区间为 90~105℃，峰值接近 98℃；第三个总体$Ⅱ_{P_3}$温度分布区间为 110~125℃，峰值接近 117℃。

在 $P_1 \sim P_3$包裹体测温数据分布统计分析的基础上，考虑到不同层系之间的叠置关系以及油气充注的次序，即如果是同一期油气由下至上充注-成藏，则下部油气藏捕获流体包裹体所记录的温度应大于其上部油气藏捕获流体包裹体的温度。结合 $P_1 \sim P_3$各层总体所对应的峰值温度，P_1和 P_2的两个总体$Ⅰ_{P_{1-2}}$和$Ⅱ_{P_{1-2}}$与 P_3的$Ⅰ_{P_3}$和$Ⅱ_{P_3}$具有下部温度高、上部温度低的正常峰温组合。唯独 P_3总体($Ⅲ_{P_3}$)独立于$Ⅰ_{P_{1-2}}$与$Ⅰ_{P_3}$、$Ⅱ_{P_{1-2}}$与$Ⅱ_{P_3}$构成正常组合序列，且呈现出相对独立的正态分布特征。

因此，通过二叠系不同层段含油气砂岩流体包裹体均一温度统计分析，盆地东北部二叠系天然气藏至少经历了 2 期次或是 3 期次的油气充注-成藏过程。中下二叠统均一温度分布总体$Ⅰ_{P_{1-2}}$与上三叠统均一温度分布总体$Ⅰ_{P_3}$构成的正常峰温组合总体峰温值相对较低，可能代表了早期油气充注-成藏过程所记录的温度，相对较高的中下二叠统均一温度分布总体$Ⅱ_{P_{1-2}}$与上三叠统均一温度分布总体$Ⅱ_{P_3}$

构成的正常峰温组合则代表了后期地温场增高之后，油气充注-成藏事件记录的温度。总之，两套正常峰温组合代表了地层埋藏增温过程中二叠系天然气藏所经历的两次油气充注-成藏事件。而上二叠统均一温度分布总体$Ⅲ_{P_3}$，不同于两套正常峰温组合，且均一温度多来自切穿石英加大边或方解石胶结物裂缝愈合面所捕获的流体包裹体，同时还有晚期方解石胶结物捕获的流体包裹体。因而，上二叠统温度总体$Ⅲ_{P_3}$可能代表了盆地晚期抬升-改造过程中，天然气在上二叠统次生充注-成藏过程中所记录的温度。

基于流体包裹体(FI)测温数据的油气成藏年代学研究，通常是将代表同一油气充注成藏期流体包裹体均一温度总体的统计峰温投影到测温样品所在井剖面埋藏史-热演化史图上，油气充注-成藏的时间即 $t-T$ 曲线投影到时间坐标的年龄(肖贤明，2002；李明诚，2005)。目前，利用流体包裹体间接确定油气充注-成藏是最为简便且应用较为广泛的方法(陈红汉，2007；李明诚，2008)。但这种方法还存在不确定性，除含油气流体包裹体均一温度的误差因素之外，更为突出的问题在于很难准确获得埋藏史及其等温线分布所必需的古地温梯度和剥蚀厚度数据，尤其是类似鄂尔多斯盆地东北部多旋回演化、多期次抬升剥蚀地区，需要在方法的具体应用研究中给予充分的关注。

为了提高成藏时间分析精度，避免剥蚀厚度恢复误差对确定成藏时间的影响，本次研究在前文所述鄂尔多斯盆地二叠系(P_1~P_3)流体包裹体均一温度分布特征分析基础之上，结合 Mn_5 井二叠系含气砂岩 AFTSolve 热演化史模拟，以期在更高精度上获得二叠系气藏充注-成藏时间。

依据上述二叠系不同层位的含油气砂岩样品 FI 测温数据统计峰温在热史路径上投影结果(图 4-5)，结合盆地东北部中-新生代构造(热)演化历史分析，对盆地东北部沉降区二叠系砂岩储层的油气成藏期次和年龄至少可以得出以下 3 个方面的主要认识。

(1) 印支-燕山早期 150~250Ma 缓慢沉降增温阶段，上、下二叠统及其相同时期与之具有相近流体包裹体均一温度分布的中二叠统砂岩储层，共同经历了 156~168Ma 早期低温阶段第Ⅰ期次较大规模的原生油气充注-成藏事件。下二叠统砂岩储层虽在印支期末的 208Ma 存在一次幕式充注($Ⅰ_0$)，但其早期低温阶段的较大规模油气成藏事件($Ⅰ_{P_1}$)主要发生在早燕山期末的 168Ma，成藏温度接近

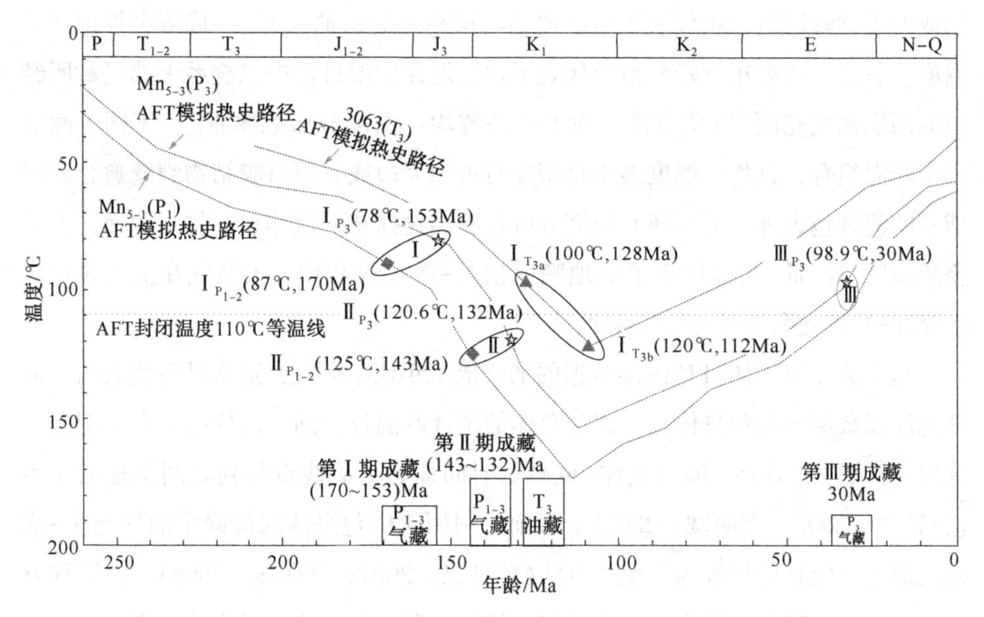

图 4-5　Mn_5 井二叠系砂岩 AFT 热史路径与流体包裹体统计峰温投影关系

90℃；相应时期，上二叠统砂岩储层早期低温阶段的油气成藏时间较之下二叠统略有滞后，主要发生在 156Ma，成藏温度接近 77.5℃。

(2) 燕山中期 110~150Ma 最大沉降埋藏增温的高地温场阶段，二叠系砂岩不同含油气层段共同经历了 132~148Ma 中期高温阶段第Ⅱ期次的大规模原生油气成藏事件。下二叠统高温成藏事件（$Ⅱ_{P_1}$）主要发生在 143~148Ma，成藏温度 115~125℃；上二叠统高温成藏事件（$Ⅱ_{P_3}$）主要发生在 132Ma，成藏温度接近 122.5℃。

(3) 燕山晚期-喜山期的构造抬升冷却过程实际上经历了燕山晚期 60~100Ma 的缓慢抬升降温阶段和喜山期尤其是 30Ma 以来的快速抬升降温阶段，独立发育在二叠系上统的砂岩样品流体包裹体均一温度统计分布“中温总体（$Ⅲ_{P_3}$）”指示盆地东北部在快速抬升降温之初的 32Ma 经历了一期重要的油气充注-成藏事件，成藏温度接近 97.5℃。这次成藏事件在贴近烃源岩的二叠系中、下统砂岩样品流体包裹体均一温度统计分布中几乎空缺，二叠系上统的油气充注“源”有可能主要是其下伏中下二叠统原生油气藏在后期抬升改造过程中的调整逸散。

因此，盆地东北部二叠系油气成藏过程总体经历了三大层段，早期 156~

168Ma 低温成藏(Ⅰ)和中期 132~148Ma 高温成藏(Ⅱ)等两个期次的原生油气成藏事件，以及晚(后)期 32Ma 主要发生在上二叠统的中温次生成藏事件(Ⅲ)。其中，流体包裹体测温获得的两期原生油气成藏时间显然与自生伊利石测年给出的 165Ma 和 130Ma 油气成藏年龄基本一致，共同表明盆地东北部包括上二叠统在内的二叠系不同层段共同经历了中生代盆地沉降阶段两个主要期次的原生油气成藏作用，以及晚燕山期以来盆地后期改造阶段的原生油气调整逸散和上二叠统的油气次生成藏作用。

第二节　中生界油藏成藏年代学

鄂尔多斯盆地三叠系为中生界重要的产油层系，已有研究表明，盆地三叠系油藏为典型的构造-岩性油气藏或岩性油气藏，储层致密、非均质性强，探明的含油储层受沉积相、储层物性、含油性控制，具有平面大面积连片、上下复合叠加的特点(王乃军等，2010；曾源等，2017)，但是对于油气成藏期次与时限研究相对薄弱。近些年，人们对鄂尔多斯盆地三叠系油气成藏年代学研究存在不同观点与认识。多数学者研究认为盆地三叠系延长组油气经历了 1 期油气成藏过程，主要发生在早白垩世中期(刘超等，2009；梁宇，2011；唐建云，2014；丁超等，2019)；有学者研究发现盆地延长组油气晚侏罗世开始运移充注，早白垩世中期油气大规模充注成藏，为两幕次连续充注过程(时保宏等，2014；罗春艳等，2014)；也有学者认为盆地延长组发生在早白垩世主要成藏以及晚白垩世以来油气调整逸散等 2 期次油气充注成藏过程(张凤奇等，2016)。目前，针对鄂尔多斯盆地三叠系延长组成藏期次与年代缺乏系统研究，尤其延长组长 8 油层油气成藏年代学较少。为此，本次研究选择鄂尔多斯盆地南部延长组长 8 油层组为重点层位，基于已发现有长 8 油藏工业油流钻井岩心砂岩薄片分析、荧光分析、流体包裹体均一温度测试，结合长 8 油层组构造热化史研究，系统分析鄂尔多斯盆地三叠系延长组长 8 油层组油气成藏期次与时限，综合构建延长组油气成藏年代学框架，为盆地三叠系延长组深层油气成藏机理与成藏动力学研究提供重要基础信息。

一、成岩作用与成岩序列

沉积储层成岩作用主要包括压实作用、胶结作用、溶蚀作用(溶蚀交代作用)3种。通过薄片显微观察、扫描电镜、铸体薄片分析，从微观角度分析岩石成岩作用演化结果，推断分析成岩演化序列，为油气充注过程提供微观证据。

(一) 压实作用

压实作用为沉积成岩演化的第一个阶段，松散沉积物在水动力相对较弱的环境下开始沉积，由于构造沉降作用，造成水体变深，沉积速率加快，随着埋深的增加，温度和压力不断增大，松散沉积物开始固结，孔隙水被不断排除，颗粒间接触组件紧密，塑性颗粒被压弯变形，同时颗粒间发生各种物理化学反应，孔隙度和渗透率变差。通过薄片显微观察、扫描电镜与铸体薄片分析，砂岩机械压实主要表现为碎屑颗粒之间呈线接触状、镶嵌式接触；长石、云母等塑性矿物被挤压变形，导致储层砂岩物性降低。同时长8油层发育镶嵌式接触的压溶作用[图4-6(a)]，释放硅质流体，为石英加大提供了物质基础。

(二) 胶结作用

胶结作用贯穿于成岩作用始终，由于成岩流体介质物理、化学条件的变化，会在矿物颗粒间出现各种黏土物质或矿物自生加大，堵塞孔隙和喉道，降低储层物性。长8油层组可见到3种类型胶结物，一是黏土矿物胶结物，早期黏土胶结物(绿泥石)包裹碎屑颗粒或呈叶片状分布在颗粒之间[图4-6(b)]，表明绿泥石胶结形成于压实作用之后，或与压实作用同时；二是钙质胶结(泥晶方解石、亮晶方解石)，阴极发光呈现黄绿色充填在颗粒孔隙之间或石英和长石溶蚀孔隙中[图4-6(c)]，同时见有黑色沥青和烃类包裹体沿方解石裂缝分布[图4-6(d)]，说明钙质胶结晚于石英和长石溶蚀，油气充注晚于方解石胶结作用；三是硅质胶结，多为石英次生加大边，可见自生石英加大边包裹胶结物(绿泥石)[图4-6(e)]，同时石英加大边的溶蚀孔隙又被方解石充填，表明硅质胶结物晚于黏土胶结物，早于钙质胶结物。在石英加大边内部发育串珠状烃类包裹体[图4-6(f)、图4-6(g)、图4-6(h)]，表明油气充注同时或略早于硅质胶结作用。

图 4-6　长 8 油层组成岩作用与油气包裹体特征

(a)碎屑矿物定向排列、颗粒间凹凸接触与云母弯曲变形(Z72 井，2233.1m)，铸体薄片；(b)颗粒表面绿泥石薄膜与粒间叶片状绿泥石充填(Z45 井，1896.8m)，扫描电镜；(c)颗粒间发育橙黄色方解石胶结物(Z172 井，2233.2m)，阴极发光；(d)方解石内部发育浅褐色烃类包裹体(Z172 井，2233.2m)，单偏光；(e)石英次生加大，并包裹早期绿泥石薄膜，后期被溶蚀(Y23 井，1872.0m)，铸体薄片；(f)沿石英加大边内部发育浅褐色烃类包裹体(X232 井，2102.38m)，单偏光；(g)、(h)沿石英加大边内部串珠状浅褐色烃类包裹体及其荧光对比(X232 井，2102.38m)，单偏光，荧光；(i)沿石英内部裂缝发育烃类包裹体(Zn39 井，1937.29m)，单偏光；(j)切穿石英及其加大边裂缝发育烃类包裹体(Z91 井，2243.85m)，单偏光；(k)、(l)成岩演化序列与烃类充注关系(X119 井，2085.4m；Z162 井，1829.9m)，铸体薄片

（三）溶蚀作用

在沉积成岩过程中，碎屑岩组分由于沉积环境的变化，成岩矿物发生溶解、溶蚀，最终达到一个新的化学平衡状态，这一过程称为溶蚀过程。长 8 油层可见两期溶蚀作用，早期溶蚀作用表现为长石、石英、岩屑颗粒边缘或是内部的溶蚀孔隙[图 4-6(a)、图 4-6(b)]，为沉积过程早期地层水或孔隙水溶蚀而形成。晚期溶蚀作用形成方解石溶蚀孔隙和微裂缝溶蚀孔隙[图 4-6(e)、图 4-6(j)]，溶蚀作用与烃类大量充注而形成的有机酸有关，晚期溶蚀孔隙中由地层水、油气充填。

在成岩作用研究过程中，通过岩心观察与薄片分析，长 8 油层发育两期微裂缝，早期微裂缝沿石英颗粒内部发育，烃类包裹体呈线型分布于早期裂缝中。晚期裂缝与早期裂缝相切，并切穿石英颗粒及其加大边，沿裂缝内部发育烃类包裹体或沥青物质。

因此，通过长 8 油层成岩作用精细研究，建立了该区延长组长 8 油层的成岩演化序列(图 4-7)：机械压实作用→早期绿泥石薄膜→早期微裂缝→早期溶蚀作用→烃类充注Ⅰ→石英加大→方解石、长石溶蚀→烃类充注Ⅱ→晚期构造微裂缝→晚期溶蚀作用→烃类充注Ⅲ[图 4-6(k)、图 4-6(l)]。

二、油气充注成藏期次

油气成藏期是指油气生成、运移、聚集成藏的整个时间过程。其中，油气成藏期可以包括一个或多个油气充注幕次。本次研究选择了鄂尔多斯盆地南部 12 口探井长 8 油层岩心样品进行油气成藏年代学研究。在长 8 油层成岩演化序列研究的基础上，利用荧光显微镜分析不同产状烃类包裹体的分布类型、相态、丰度及荧光性特征；同时利用冷热台对不同产状流体包裹体进行均一温度和冰点温度的测试，并计算获得相应包裹体盐度。综合以上多种方法，系统分析长 8 油层油气充注期次。

（一）流体包裹体特征

通过长 8 油层成岩演化序列识别三期烃类包裹体。其中，第一期烃类包裹体主要呈串珠状发育在石英矿物早期裂缝中或是石英矿物颗粒内部溶蚀区[图 4-8(a)]，后又被石英加大边所包裹，包裹体形态较小，形状多为球形或椭

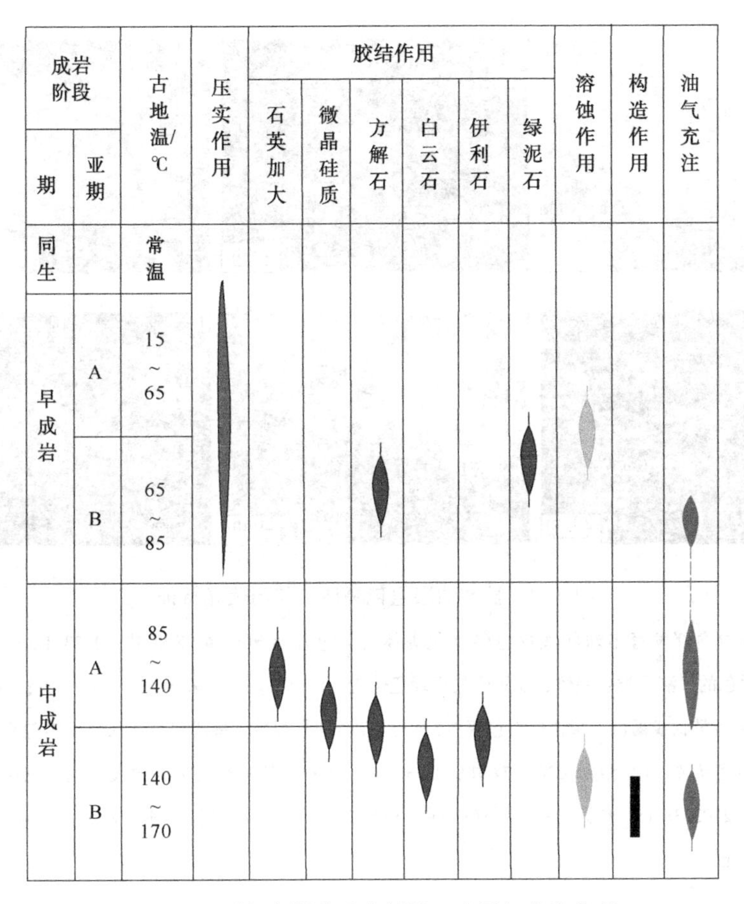

图 4-7　鄂尔多斯盆地南部长 8 油层组成岩序列

圆体，直径分布在 5~10μm，气液比值≤5%，单偏光显微镜下显示褐色[图 4-8(a)]，荧光激发显示绿色或黄绿色荧光[图 4-8(b)]，烃类包裹体丰度(GOI)主要分布在 3%~5%。第二期烃类包裹体主要分布在充填石英加大边外部[图 4-8(c)]，或是充填溶蚀矿物颗粒内部方解石胶结物中[图 4-6(d)]，包裹体形态较小，气液比值≤5%，显示蓝绿色荧光[图 4-8(d)]，GOI 分布在 4%~6%，同时见有残余黑色沥青物质[图 4-6(k)]。第三期烃类包裹体主要分布在切穿石英及其加大边的晚期裂缝或晚期方解石胶结物中[图 4-6(j)、图 4-8(e)]，包裹体形状较小(≤7μm)，气液比值≤5%，显示蓝白色荧光[图 4-8(f)]，GOI 分布在 3%~6%，少数井见到黑色沥青[图 4-6(l)]。

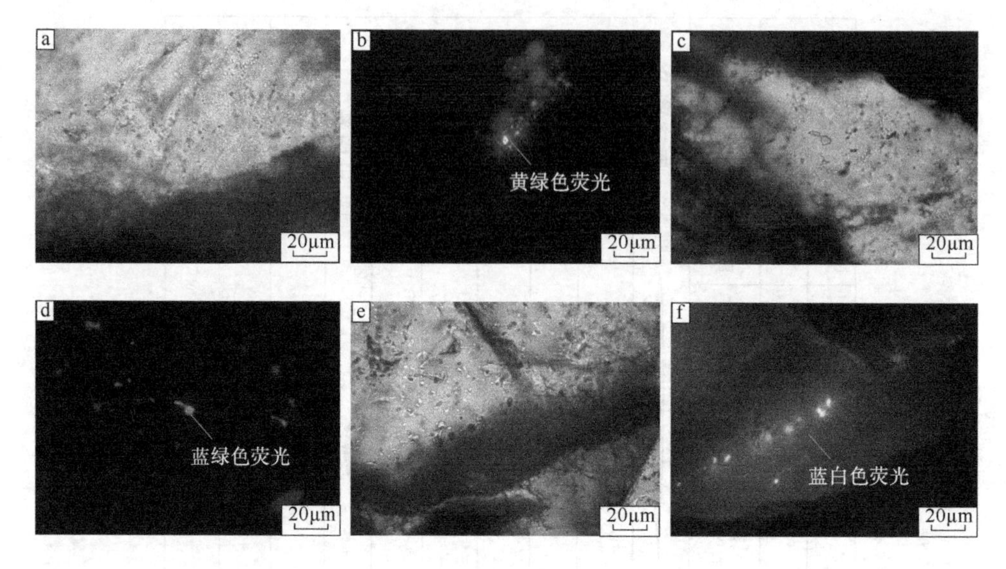

图 4-8　长 8 油层组包裹体产状与荧光特征

(a)石英颗粒内部发育串珠状浅褐色烃类包裹体与无色盐水包裹体(Z72 井，2233.1m)，单偏光；(b)呈浅褐色的气液烃类包裹体，显示强的黄绿色荧光，UV 激发荧光(Z72 井，2233.1m)；(c)沿石英加大边发育条带状浅褐色、灰色烃类包裹体；(d)与(c)同一视域，呈浅褐色、灰色烃类包裹体，显示较强的蓝绿色荧光，UV 激发荧光(Z72 井，2233.1m)；(e)沿切穿石英加大边发育浅褐色烃类包裹体(X232 井，2102.38m)，单偏光；(f)与(e)同一视域，呈浅褐色烃类包裹体，显示强的蓝白色荧光，UV 激发荧光

(二) 流体包裹体均一温度

流体包裹体均一温度测试在西安石油大学陕西省油气成藏地质学重点实验室完成，利用英国的 LINKAM 生产的 THMS600 型冷热台，选择与烃类包裹体共存的盐水包裹体进行均一温度和冰点温度的测试(表 4-3)，流体包裹体均一温度分布范围较广，主要分布在 85~165℃。利用 Bodnar 方程和冰点温度数据计算包裹体盐度，进一步根据包裹体期次分别统计不同产状包裹体均一温度和盐度。第一期盐水包裹体均一温度分布在 61.1~121.7℃，峰值接近 85℃，盐度分布在 3.2%~14.5%；第二期盐水包裹体均一温度分布在 106.2~155.7℃，峰值接近 120℃，盐度分布在 5.5%~16.3%；第三期盐水包裹体均一温度分布在 92.2~130.9℃，峰值接近 105℃，盐度分布在 4.1%~15.9%(表 4-3，图 4-9)。

表 4-3 鄂尔多斯盆地南部长 8 油层组流体包裹体均一温度统计

样品	包裹体分布产状	包裹体期次	盐水包裹体均一温度(T_h/℃)分布及测点个数(n)	共生烃类包裹体特征
FZ206	石英内部或内裂纹	第一期	70.1~93.8℃，$n=16$	GOI≤4%，绿色或黄绿色荧光
	石英加大边外侧	第二期	106.2~123.8℃，$n=18$	GOI≤6%，蓝绿色荧光
	穿石英颗粒裂纹	第三期	95.2~104.6℃，$n=14$	GOI≤5%，蓝白色荧光
FZ183	石英内部裂纹	第一期	61.1~83.5℃，$n=13$	3%≤GOI≤4%，绿色或黄绿色荧光
	石英加大边外侧	第二期	115.1~123.8℃，$n=4$	GOI≤5%，蓝绿色荧光
	穿石英加大边溶蚀裂纹	第三期	93.2~109.1℃，$n=16$	GOI≤5%，蓝白色荧光，见黑色沥青
FX84	石英内部裂纹	第一期	70.1~82.5℃，$n=7$	3%≤GOI≤4%，黄绿色荧光
	石英加大边、方解石胶	第二期	113.3~133.2℃，$n=11$	5%≤GOI≤6%，绿色或蓝绿色荧光
	穿石英颗粒裂纹	第三期	92.2~102.6℃，$n=10$	3%≤GOI≤5%，蓝白色荧光
Zh39	石英内部或内裂纹	第一期	65.4~74.3℃，$n=6$	GOI≤4%，蓝绿色荧光
	石英加大边外侧	第二期	132.3~134.7℃，$n=2$	5%≤GOI≤6%，蓝绿色荧光
	穿石英加大边溶蚀裂纹	第三期	114.3~124.3℃，$n=4$	3%≤GOI≤4%，蓝白色荧光
N65	石英内部裂纹	第一期	104.1~114.7℃，$n=9$	GOI≤4%，蓝绿色荧光
	石英加大边内侧	第二期	143.3~143.8℃，$n=1$	GOI≤5%，蓝绿色荧光
	穿石英颗粒裂纹	第三期	125.3~130.5℃，$n=2$	3%≤GOI≤4%，蓝白色荧光
Z91	石英内部裂纹	第一期	92.1~114.7℃，$n=8$	GOI≤4%，蓝绿色荧光
	石英加大边内侧	第二期	142.5~155.7℃，$n=5$	GOI≤5%，蓝绿色荧光
	穿石英加大边溶蚀裂纹	第三期	123.5~129.8℃，$n=2$	GOI≤4%，蓝白色荧光
X89	石英内部裂纹	第一期	106.8~121.7℃，$n=10$	GOI≤4%，黄绿色荧光
	石英加大边外侧	第二期	142.1~142.9℃，$n=1$	5%≤GOI≤6%，蓝绿色荧光
	方解石胶结物	第三期	130.4~130.9℃，$n=2$	3%≤GOI≤4%，蓝白色荧光
X96	石英内部裂纹	第一期	83.6~83.9℃，$n=1$	GOI≤4%，蓝绿色荧光
	石英加大边外侧	第二期	130.2~143.5℃，$n=5$	GOI≤5%，蓝绿色荧光
	穿石英加大边溶蚀裂纹	第三期	109~123.8℃，$n=7$	GOI≤4%，蓝白色荧光
B105	石英内部裂纹	第一期	103.9~117.5℃，$n=7$	GOI≤4%，蓝绿色荧光
	石英加大边外侧	第二期	149.2~152.3℃，$n=2$	GOI≤5%，蓝绿色荧光
	方解石胶结物、裂纹	第三期	123.4~127.5℃，$n=2$	GOI≤4%，蓝白色荧光

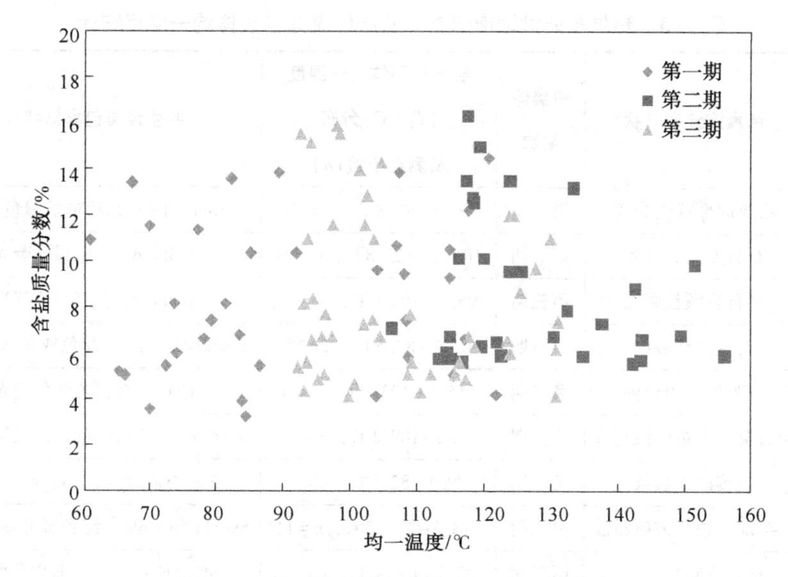

图 4-9　长 8 油层组包裹体均一温度与盐度

考虑到同一油气藏成岩演化序列、不同产状包裹体均一温度峰值关系，结合构造演化历史，第一期包裹体和第二期包裹体均一温度相互叠置，且盐度变化不大，荧光性特征表现为油气由低成熟到成熟的演化过程，总体表现为两期连续充注过程。第三期包裹体主要发育在切穿石英及其加大边的晚期微裂缝中，均一温度峰值介于第一期包裹体和第二期包裹体均一温度峰值之间，说明第三期包裹体记录了盆地经历最大构造沉降后抬升剥蚀所引起油气调整逸散时的均一温度，为晚期油气充注成藏事件。因此，综合分析可知长 8 油层主要经历了 3 期油气充注过程。

(三) 油气成藏年代学

鄂尔多斯盆地晚白垩世以来经历了多旋回抬升改造，最大剥蚀厚度达 2000m 以上。近年来，磷灰石裂变径迹(AFT)技术成为造山带隆升历史、盆地构造热演化史研究的重要手段(Ketcham，2000；周祖翼等，2001a，2001b；王瑜，2004)，有效避免了因剥蚀厚度恢复而造成的误差。为此，选择 N65 井长 8 油层砂岩样品，通过重矿物分析遴选出磷灰石颗粒，在中国科学院高能物理所进行了磷灰石裂变径迹分析(表 4-4)，长 8 油层砂岩样品 AFT 测试数据中值年龄与池年龄大致相等，且明显小于地层年龄，χ^2 检验概率为 13.47%，平均 FT 长度为 12.0±

2.1μm，综合表明该砂岩样品经历了完全退火，之后被抬升冷却。基于Laslett退火模型(Laslett，1987)，运用AFTSolve软件模拟了长8油层热演化史，拟合选用限制任意搜索项(CRS)，拟合曲线数选取10000，D_{par}为1.5μm，设定地表温度和样品所在地层的年龄为模拟的初始温度和时间，根据获得的裂变径迹长度、年龄和样品所处的地质背景，确定热史模拟过程中关键地质事件的温度和时间条件。这种方法的好处在于挖掘了先前没考虑到的数据信息，延伸了裂变径迹分析在地质热信息分析中的实践性，增加了模型的可信度。

表4-4　N65井长8油层组砂岩磷灰石裂变径迹测试数据

样品	层位	n	ρ_s/(10^5cm^{-2})(N_s)	ρ_i/(10^5cm^{-2})(N_i)	ρ_d/(10^5cm^{-2})(N)	$P(\chi^2)$/%	中值年龄(±σ)/Ma	池年龄(±σ)/Ma	$L\pm\sigma$/μm(N)
N65	长8	8	1.61(434)	11.286(3043)	10.377(7312)	13.47	30±3	31±2	12.0±2.1(84)

注：n—颗粒数；N_s—自发FT条数；ρ_s—自发FT密度；N_i—诱发FT条数；ρ_i—诱发FT密度；$P(\chi^2)$—χ^2检验概率；年龄(±σ)—FT年龄±标准差；$L\pm\sigma$—平均FT长度±标准差；N—堵塞FT条数。

结果显示模拟径迹长度12.1μm±2.1μm，实测径迹长度12.0μm±2.1μm，径迹长度总体拟合率(K-S Test)为67%，模拟年龄30.5Ma±2.0Ma，实测年龄30.7Ma±2.4Ma，径迹年龄总体拟合率(Age GOF)为94%(图4-10)，表明热演化史模拟效果质量较高，可信度较强。

烃源岩是油气聚集成藏的物质基础，长8油藏夹持于长7张家滩页岩与长9李家畔页岩之间。已有研究表明(李森等，2019；袁媛等，2018)，长7张家滩页岩作为长8油藏的有效烃源岩，形成了上生下储的油气成藏模式。张家滩页岩厚度在25~50m，总有机碳含量主要分布于6%~14%，氯仿沥青“A”平均值0.52%，母质类型属于腐泥型，镜质体反射率在1.04%~1.08%，表明烃源岩经历过生油气高峰阶段。因此，张家滩页岩具有厚度大、成熟度高、生油性能好等特征，作为长8油藏的主力烃源岩，其主要生烃时期发生在早白垩世已达成普遍共识。

利用N65井延长组长8油层组的磷灰石裂变径迹的热史模拟，获取了延长组构造热演化的最佳路径(t-T曲线)，在此基础上，把不同期次包裹体均一温度投影到合理热史路径之上，获取相应的油气充注年代(图 4-10)。结果表明：长 8 油藏经历了第一期早侏罗世-早白垩世(152~192.5Ma)低温成藏阶段，油气充注的峰值年龄为 182Ma；第二期早白垩世(126~152Ma)油气成藏的主要阶段，峰值年龄为 150Ma，捕获烃类包裹体丰度相对较高，为高温油气成藏时期；第三期油气调整逸散以及次生成藏发生在古近纪(36.5~65Ma)，为晚期调整成藏阶段。依据延长组长 8 油藏包裹体间接定年，系统建立了鄂尔多斯盆地三叠系延长组油气成藏年代学序，进一步结合延长组长 8 油藏的构造热演化史，揭示油气成藏事件与构造演化的对比关系，为盆地三叠系延长组油气成藏提供更精确时间域的年代学约束(图 4-10)。

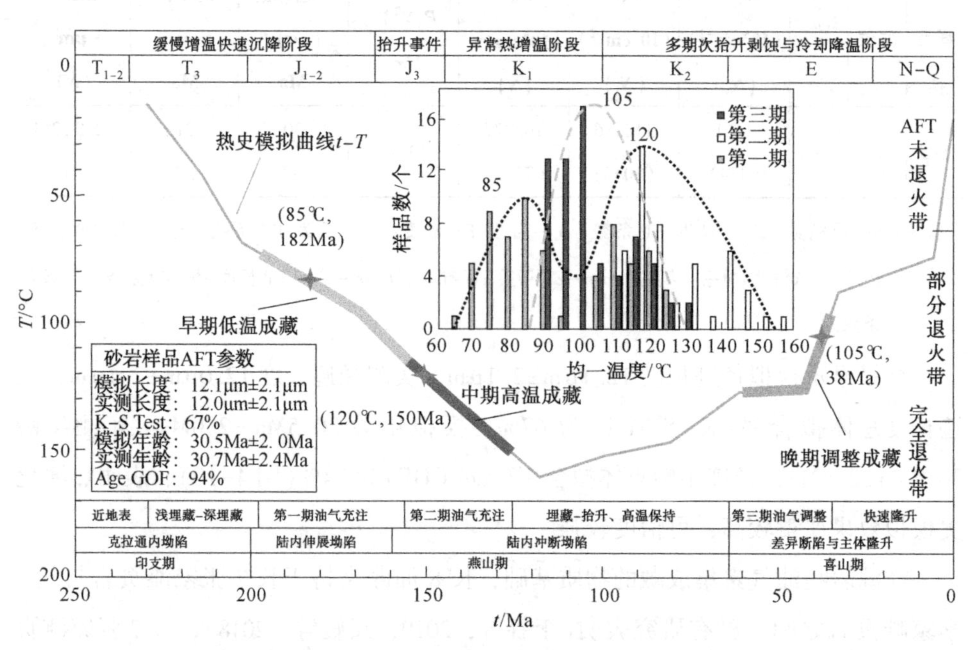

图 4-10　长 8 油层组流体包裹体均一温度与热演化史投影

综合分析表明，晚三叠世至早侏罗世，鄂尔多斯盆地经历了华北残延克拉通内挠曲挤压坳陷向大鄂尔多斯盆地内陆弱伸展坳陷转变，长 8 油层组经历了快速沉降缓慢增温过程(沉积增温速率 1.31℃/Ma，沉积速率 57.0m/Ma，地温梯度 2.3℃/100m)(任战利等，1996，2017)，长 8 地层温度接近 85℃，油气开始进入长 8 储层，早侏罗世-早白垩世(152~192.5Ma)发生早期油气充注事件，主要充注峰值年代为 182Ma。白垩世早期，盆地内陆弱伸展坳陷转变为内陆冲断山前坳陷，沉降沉积增温开始加快（沉积增温速率 1.5℃/Ma，沉积速率 37.5m/Ma，地温梯度 4.0℃/100m）（任战利等，1996，2017），至白垩世中期（120Ma），盆地延长组埋藏增温达到最大 165℃，最大埋藏深度 3875m，与前人认识一致（任战利等，2007，2022）（T_{max}>150℃，镜质体反射率 R_o>1.02%），烃源岩开始大量生烃排烃，此时为延长组长 8 油层组主要成藏时期，经过构造热演化史投点分析，油气主要聚集充注时限为早白垩世-晚白垩世（126~152Ma），充注峰值年代为 150Ma，以上两次幕式充注为一期连续油气充注成藏过程。晚白垩世以来，鄂尔多斯盆地经历了多旋回构造抬升改造过程，盆地主体抬升，周缘断陷，导致盆地古生界的天然气和中生界的石油发生调整、逸散以及二次成藏。鄂尔多斯盆地伊盟隆起斜坡带上可见中下侏罗统延安组煤系地层的烧变岩和漂白砂岩、中侏罗统绿色蚀变砂岩，这些都是新生代油气调整逸散的证据（马艳萍，2006；吴柏林等，2006）。其中，长 8 油藏在古近纪（30~60Ma）发生了油气调整，由此成藏。

第五章

盆地差异构造演化时间坐标及其耦合成矿(藏)效应

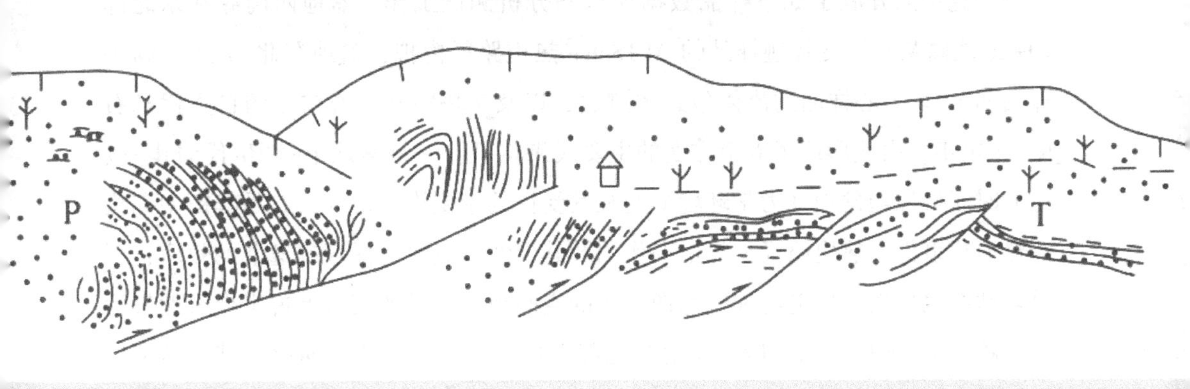

鄂尔多斯盆地(西)南部与秦-祁印支期造山带紧密邻接，是盆地已发现中生界油田(尤其是亿吨级三叠系西峰油田)和中生界铀矿(尤其是黄陵店头-陇县国家湾-惠安堡等中下侏罗统-下白垩统铀矿床)的共存富集区；盆地(东)北部与阴山海西期造山带彼此相邻，是盆地已发现上古生界大气田、中侏罗统大型铀矿床和下二叠统大型镓矿床的共存富集区。因此，前文对这两个地区中-新生代演化-改造过程的沉积-构造环境演变、主控“不整合”构造事件及其峰值年龄等的重点研究，不仅有可能从不同规模层次和区块对比关系上定量揭示盆地中-新生代演化-改造的时间坐标及其相应的区块个性特点和盆地整体性规律，而且有助于深刻认识盆地中-新生代关键构造事件与多种共存矿产成藏(矿)事件的时空耦合关系。

在系统综合提炼盆地西南部和东北部两个重点区块相关资料成果的基础上，本项研究重点开展了如下样品数据模拟和分析测试工作：盆地西南缘和东北部10+26块磷灰石裂变径迹样品的AFTSolve热史路径模拟，盆地东北部11块露头样品和10块岩心样品的流体包裹体测温，以及7块钻井岩心样品的自生伊利石K-Ar定年。由此形成了五个方面的主要成果认识：一是盆地中-新生代演化-改造的时间坐标与盆地动力学环境演变及其受控的主要构造事件；二是燕山中期构造热演化事件、热史路径、热增温作用及其天然气成藏、保存或逸散的效应；三是盆地东北部斜坡构造与油气逃逸形迹的空间组合特征及其与上古生界天然气运聚成藏-调整逸散关系；四是盆地东北部上古生界天然气成藏期次及其与盆地后期改造事件的关系；五是盆地中-新生代演化-改造的关键构造事件与多种共存矿产耦合成矿的时间坐标关系及其受控的统一盆地动力学环境。

第一节　中-新生代演化-改造的时间坐标

依据前述鄂尔多斯盆地西南部、东北部两个重点区块有关中-新生代演化-改造过程的沉积-构造环境演变及其主控“不整合”构造事件年代学等的最新资料数据和成果认识，综合构建了鄂尔多斯盆地中-新生代构造动力学环境演化及其主控构造事件的时空坐标体系。重点揭示了以下3个方面的主要内容：一是盆地中-新生代演化-改造过程主控“不整合”构造事件的时空坐标及其峰值年龄分布的区块对比关系；二是时空坐标体系下中生代原始盆地面貌、沉积构造环境演变及其受控的主要构造事件；三是时空坐标体系下晚白垩世以来的盆地构造反转、后期改造过程及其受控的关键构造事件。

一、主控“不整合”构造事件的时空坐标及其峰值年龄分布的区块对比关系

鄂尔多斯盆地西南部和东北部是近年来已发现上古生界-中生界大型油气田、大型铀矿床和大型镓矿床的共存富集区(Mao，2003；吴仁贵等，2003；夏毓亮等，2003；翟裕生，2004；张泓等，2005；张盛，2006)。依据前文有关这两个区块中-新生代构造事件年代学的最新成果资料，综合研究对比了这两个重点区块及其盆地规模的中-新生代主控“不整合”构造事件的时间坐标及其峰值年龄分布的对比关系，系统构建了从区块到盆地不同级次的峰值年龄事件序列和其对应的时间坐标(图5-1)，以及在此时空坐标体系下的盆地中-新生代构造动力学演化阶段、区域背景与主控构造事件的时间坐标体系(表5-1)，从不同规模层次上定量揭示了盆地中-新生代演化-改造过程主控“不整合”构造事件的峰值年龄坐标及其区块个性特点与盆地整体性规律的对比关系。

表5-1 鄂尔多斯盆地中-新生代构造动力学环境演化与主要地质构造事件的时间坐标

时期	沉积、构造特点	地质构造事件	关键时期/时刻	
N_1^3-Q	西缘冲断系活化-盆地西隆、东降并接受N_1^3-Q沉积	今特提斯体系：盆地差异升降、发生西隆东降的构造反转	0～10Ma/5Ma	盆地反转/改造
N_1^{1-2}		特提斯体系：青藏挤压→贺兰/六盘冲断隆升-盆地抬升与东部掀斜	20Ma	
E_{2-3}	西缘差异沉降(接受E_{2-3}沉积)，盆地呈西降、东隆格局			
E_1-K_1^2		古→今太平洋构造体系转变：盆地区域抬升剥蚀及东部构造掀斜	60～100Ma/65Ma；95～115Ma/105Ma	

续表

时期	沉积、构造特点	地质构造事件	关键时期/时刻	
K_1^1	盆地西部差异升降、山前坳陷与东部斜坡超覆沉积+火山事件		125~145Ma/135Ma	内陆山前坳陷
J_3^2		西缘强烈冲断隆升-盆地整体抬升剥蚀及东部差异抬升	145~155Ma/150Ma	
J_3^1	盆地西缘冲断-山前坳陷带粗碎屑沉积与东部斜坡抬升剥蚀			
J_{2a}末		特提斯→古太平洋构造体系转变，盆地区域短暂抬升	165Ma	
$J_{2z}-J_{2a}$	大鄂尔多斯盆地广覆式“杂色”内陆河湖相碎屑岩沉积			内陆坳陷
J_{2y}末		盆地区域短暂抬升	173Ma	
$J_{1f}-J_{2y}$	大鄂尔多斯盆地广覆式“灰色”含煤碎屑岩湖（沼）-河流相沉积			
T_{3y}末		秦岭全面碰撞造山/区域抬升	190~205Ma/200Ma	
T_{3y}	大华北克拉通内广覆式“灰色”湖相-湖沼相-河流相沉积			克拉通内坳陷
T_2末		古特提斯→中特提斯构造体系转变，秦岭自东向西剪刀式闭合/区域抬升	230Ma	
$T_{1-2}-P_3$	大华北克拉通内广覆式红色-杂色碎屑岩沉积			
P_2末		古亚洲体系→古特提斯体系转变	260Ma	

（一）印支期主控“不整合”构造事件的时间坐标及其对比关系

印支期，鄂尔多斯南缘的秦-祁古洋盆最终碰撞闭合（张国伟，2001），盆地北缘海西晚期业已闭合的阴山褶皱带发生陆内隆升变形，这是区域及其更大范围的中国北方由古生代板块构造环境全面转向中生代陆内变形体制的重要构造变革时期。中国中东部尤其是华北区域开始盛行 NW-SE 向挤压构造应力场环境，导致华北克拉通盆地出现东、西分异背景下的东北部抬升隆起和西南部鄂尔多斯地区挤压坳陷的沉积构造格局。其间，主要存在两期“不整合”构造事件，分别发生在早印支期的中、晚三叠世之间和晚印支期的晚三叠世末(图 5-1)。

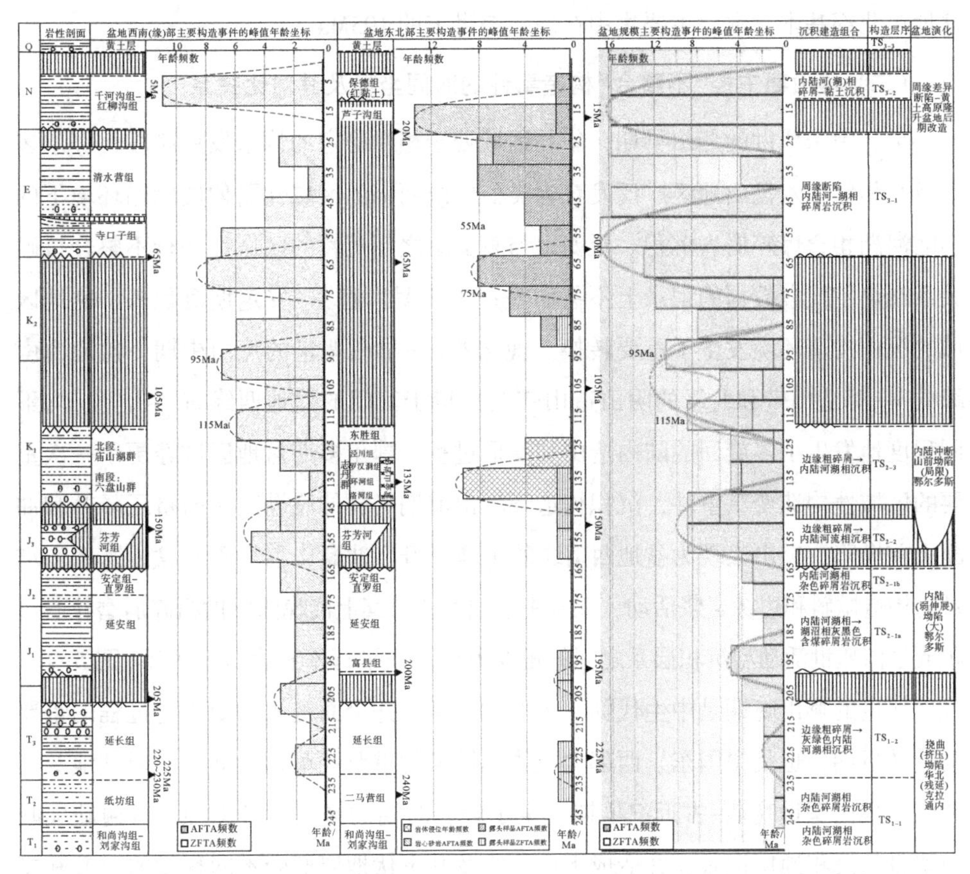

图 5-1　盆地中-新生代演化-改造阶段与主控构造事件的时空坐标及其区块对比关系

早印支期以中、上三叠统之间平行不整合关系为标示的构造事件的峰值年龄对比关系显示(图 5-1)，盆地东北部相对较早地集中在中三叠世早期的 235~245Ma、峰值年龄接近 240Ma；盆地西南(缘)部则相对滞后，主要集中在晚三叠世早期的 220~230Ma、峰值年龄接近 225Ma。

综合不同区块年龄数据的统计分析结果(图 5-1，表 5-1)可知，盆地规模的早印支期构造事件的峰值年龄主要集中在 215~235Ma、峰值年龄接近 225Ma。上三叠统顶界面的晚印支期不整合构造事件的峰值年龄对比关系显示，盆地西南部相对较早地集中在晚三叠世晚期的195~215Ma、峰值年龄接近205Ma；盆地东北部则相对滞后，主要集中在晚三叠世末-早侏罗世初的195~205Ma、峰值年龄接近200Ma。综合统计分析结果给出的盆地规模的晚印支期构造事件的峰值年龄与盆地东北部基本一致，主要集中在晚三叠世末的195Ma。

(二) 燕山期主控“不整合”构造事件的时间坐标及其对比关系

早、中侏罗世的燕山早期，华北区域处于相对稳定的构造发展阶段，鄂尔多斯及其相邻的六盘山地区广泛发育为类似中国西部的区域性弱伸展坳陷环境下的内陆河湖相含煤碎屑岩沉积。延安组与直罗组之间短暂的区域性平行不整合接触关系在热年代学数据的记录上不甚明显；中侏罗世直罗-安定期沉积末，盆地区域的沉积构造环境发生了重要转换。晚侏罗世-早白垩世的燕山中期，盆地西南缘的秦-祁造山带和北缘的阴山造山带及夹持于其间的盆地西缘贺兰山等，均不同程度地发生了多旋回的陆内造山和变形过程，鄂尔多斯盆地区域经历了一次重要的区域性构造变革事件，沉积构造环境由前期的弱伸展坳陷转向挤压隆升和冲断山前坳陷，突出表现为盆地西南缘的山体隆升、冲断山前坳陷和盆地东部斜坡带的构造掀斜和边缘岩浆活动，以及中下侏罗统与其上覆晚侏罗世粗碎屑磨拉石沉积或早白垩世活动型沉积层系之间的角度不整合或平行不整合接触关系(图5-1)。晚白垩世的燕山晚期是中生代鄂尔多斯盆地消亡并全面进入后期改造过程的重要构造转折期，也是中国东、西部构造体制转换的重要变革期，鄂尔多斯盆地及其邻区，早白垩世晚期-古近纪早期发生了较长时期的区域隆升剥蚀，普遍缺失晚白垩世的沉积地层记录，并造成下白垩统及其下伏地层遭受不同程度的隆升和剥蚀，以及它与其上覆古近系或新近系之间的微角度不整合关系。

上述盆地区域燕山期主控“不整合”构造事件的峰值年龄分布及其对比关系(图5-1，表5-1)显示，燕山期的峰值年龄事件主要发生在燕山中晚期。盆地西南缘主要存在3组峰值年龄，分别为燕山中期的150Ma、105Ma的两个峰值年龄和燕山晚期65Ma的峰值年龄，其中105Ma的峰值年龄有可能包含有115Ma和95Ma两个次级峰值年龄；但盆地东北部则只存在两组燕山期峰值年龄，分别对应于燕山中期的135Ma和燕山晚期的65Ma，其中65Ma的峰值年龄有可能包含有75Ma和55Ma两个次级峰值年龄。显然，燕山中期峰值年龄事件的区块对比关系呈现东、西非耦合对称的特点，盆地西南缘以冲断隆升、推覆变形为特征的构造事件峰值年龄有两组，但在盆地东北部都不曾记录；盆地东北部燕山中期以掀斜隆升、岩浆活动为特征的构造事件峰值年龄只有一组，而且发生在盆地西南缘两组峰值年龄之间。与之相反，燕山晚期的峰值年龄事件则呈现东、西统一的耦合对称特点，共同经历了60~65Ma的构造抬升事件。综合不同区块年龄数据的统计分析结果可知，盆地规模的燕山中晚期构造事件的峰值年龄主要受盆地西南部峰值年龄事件的控制，主要集中在150Ma、105Ma和60Ma三个峰值年龄。值得注意的是，105Ma峰值年龄事件主要源于盆地西南部，早白垩世末-古近纪初的盆地东北部不存在显著的构造抬升冷却事件，其构造掀斜作用和下白垩统及其下伏层系的剥蚀显然主要受控于60Ma的峰值年龄事件。

(三)喜山期主控“不整合”构造事件的时间坐标及其对比关系

经历晚燕山期末的区域性强烈构造隆升剥蚀事件之后，鄂尔多斯盆地经历了新生代以来多旋回期次的区域隆升剥蚀、盆地构造反转等后期改造作用，形成古近系与新近系或第四系之间的低角度或平行不整合接触关系(图5-1)。受矿物封闭温度和测年方法的制约，现有的构造热年代学年龄数据尚不足以提供晚近时期“不整合”构造事件的非常精确细节的峰值年龄记录。就现有构造年代学数据的统计分布特征(图5-1，表5-1)来看，喜山期主控“不整合”构造事件的时间坐标及其对比关系主要表现出如下特点：①新生代的主控峰值年龄事件主要对应于古近纪与新近纪或第四纪之间的“不整合”构造事件，但东、西存在非对称的较大差别；②盆地东北部强烈构造掀斜抬升事件主要发生在新近纪红黏土沉积之前的20Ma，但西南部尤其是六盘山地区的冲断隆升事件主要发生在距今5Ma盆地东北部新近纪红黏土沉积的鼎盛时期；③盆地规模的综合年龄数据统计分析结果表明，喜山期构造事件的峰值年龄主要分布在晚新生代，且具有较宽的时域分布(5~25Ma)，平均峰值年龄集中在15Ma。

此外，新近系红黏土与第四纪黄土之间呈低角度不整合接触关系(图5-1，表5-1)，表明1.7~2Ma以来盆地经历过一次重要的构造抬升事件，有可能指示了晚喜山期青藏高原隆升作用在鄂尔多斯盆地产生的远程构造效应。依据岳乐平等(2007)在盆地东北部黄河支流“窟野河”神木段0.5Ma以来形成的河流阶地资料推算，盆地东北部晚近时期的构造抬升速率高达(1150-950)/0.5=400(m/Ma)，显然高于我们用构造热年代学数据算得的20Ma以来平均抬升速率(120m/Ma)，进一步表明鄂尔多斯盆地东北部的构造掀斜、强烈隆升事件主要发生在新生代晚期。

二、中生代晚期(晚白垩世)以来的盆地反转、后期改造过程及其主控构造事件

如前文所述，晚白垩世的燕山晚期，既是中国东、西部构造体制转换的一个重要时期，同时也是中生代鄂尔多斯盆地消亡并全面进入后期改造过程的重要构造转折期。前述诸多证据表明，盆地区域经历了晚白垩世较为广泛的区域隆升，几乎见不到晚白垩世的沉积地层记录，但盆地尤其是盆地东北部地区的强烈构造抬升剥蚀主要发生在晚白垩世末60Ma的一次区域性强烈构造抬升剥蚀事件。

新生代早中期的古近纪-新近纪早期，受中国东部古→今太平洋构造体系转变过程的大规模走滑伸展，以及西南部喜马拉雅碰撞造山过程远程构造效应的联合影响，华北区域处于NW-SE向走滑伸展应力场环境。受其影响，鄂尔多斯盆地内部主要表现为缺失古近纪-新近纪早期沉积的多旋回抬升改造；盆地西北缘银川-河套断陷与东南缘关中-晋中断陷呈现为空间对称耦合的沉积构造特点，盆地西南缘六盘山地区差异断陷和盆地东北部构造掀斜抬升则呈现一种“西坳东隆”的非空间对称耦合的沉积构造面貌(图1-16、图1-17)。

新生代晚期，尤其是古近纪与新近纪之交的20Ma峰值年龄事件是区域一次重要的构造变革事件和构造抬升剥蚀事件，同时也标志着鄂尔多斯盆地区域发生了由前期的太平洋构造体系为主逐渐转向以特提斯构造体系为主的构造体系转换，并由此呈现出新近纪-第四纪主体受控于特提斯体系的盆地构造反转沉积构造面貌。突出表现为，盆地内部在新近纪晚期发育了自东北部的神木-米脂到西南部西峰-环县地区的沉积坳陷带(图1-17)，沉积了60~120m的新近纪晚期3~8Ma红黏土沉积(岳乐平，2007)，以及第四纪1.7Ma以来盆地区域的黄土堆积，而且无论是新近纪红黏土沉积，还是盆地内部黄土堆积，其地层厚度都远大

于盆地西南缘的六盘山地区。新近纪-第四纪这种沉积构造格局总体显示出：①盆地内部出现了不同于先前“西坳东隆”面貌的晚新生代“西隆东坳”的盆地构造反转格局；②晚新生代尤其是第四纪盆地内部的沉积沉降与盆地西南缘六盘山区的冲断隆升相呼应，很大程度上反映了特提斯体系主导作用下青藏挤压隆升对鄂尔多斯盆地产生的远程构造效应。

综合上述可以看出，鄂尔多斯盆地是在晚生代华北克拉通内坳陷盆地基础上逐渐演变而成的中生代多旋回叠合盆地，它真正作为相对独立沉积盆地的演化-改造主要发生在中-新生代的大陆动力学演化阶段。中生代原始盆地的演化主体经历了早中三叠世和晚三叠世(残延)克拉通内挠曲坳陷→前陆坳陷、早中侏罗世内陆弱伸展坳陷、晚侏罗世-早白垩世内陆冲断山前坳陷等主要盆地演化阶段；晚白垩世-新生代的盆地后期改造过程主要经历了古近纪差异隆升背景下的“西坳东隆”和古近纪末的强烈抬升，以及新近纪晚期以来盆地构造反转背景下的“西隆东坳”和第四纪的区域隆升。

第二节　主控构造事件控制的差异成矿效应

一、盆地东北部斜坡构造与油气逃逸形迹的空间组合关系

依据盆地东北部2条南北向、5条东西向连井剖面的井点间石炭系顶界面坡降变化数据，以及2条南北向、3条东西向地震拼接大剖面的构造解释，结合Tc_2地震反射界面构造等值线显示的低幅度构造形迹及其与区域构造的关系，综合编制了鄂尔多斯盆地东北部斜坡带的Tc_2界面构造图；在此基础上，进一步结合上古生界天然气的控制或探明储量区分布、油气苗显示、中下侏罗统的烧变现象及其内部砂岩的漂白或绿色蚀变现象等油气运聚或逃逸的可能形迹，综合编图揭示了鄂尔多斯盆地东北部Tc_2构造与油气逃逸形迹的空间组合关系(图5-2)。

从图5-2中可以看出，盆地东北部斜坡构造与油气逃逸形迹的空间组合关系具有如下特点。

图 5-2　鄂尔多斯盆地东北部 Tc_2 构造与油气逃逸形迹的空间组合关系

1—侏罗系-下白垩统；2—三叠系；3—石炭-二叠系；4—下古生界；

5—白垩系油气苗；6—直罗组绿色蚀变砂岩；7—延安组顶部漂白砂岩；

8—延安组顶部烧变岩；9—上石炭-中下二叠统气区；10—上二叠统 Q_5 气区

盆地东部斜坡构造特征总体呈现为东西向构造与南北向构造复合转换区的轴向近 NE-SW 且向盆地中部倾伏的宽缓复向斜结构，主体受控于盆地北部的东西向构造-伊盟隆起(I_3)和盆地东部的南北向构造-东部斜坡带(I_1)及其东缘晋西挠褶带(I_2)。复向斜轴向构造枢纽自东向西由准格尔旗倾伏至大牛地及其以西，大致相当于伊盟隆起与东部斜坡带之间构造分界的重、磁异常梯级带(见前述)，翘升端位于盆地东北一隅的准格尔旗。复向斜西北翼相对较陡，坡降一般为5°~10°，且断裂构造发育；东南翼相对平缓，坡降一般为2°~5°，断裂构造主要发育在构造掀斜边缘带；复向斜轴向构造枢纽是微型断裂的较高密度发育带。

已发现上古生界工业气藏主要有复向斜轴向构造枢纽带潜伏端的大牛地气田，以及轴向构造枢纽带以南的近南北向展布的榆林气田、神木-双山-绥德-米脂气田(区)。从气藏层位上来看，榆林气田以山西组气藏为主，神木-双山-绥德-米脂气田(区)则呈现多层位复合含气的特点，尤其是榆林-双山以东的高家堡-神木一带，呈现出自南向北气藏压力逐渐降低、含气层位逐渐上提，以及上石盒子组区域盖层之上发现了上二叠统石千峰组低压工业气藏，并伴随有中下侏罗统延安组岩层烧变的独特现象。

复向斜轴向构造翘升端的准格尔旗地区目前已发现有产自下二叠统山西组的世界级大型镓矿床；复向斜轴向构造枢纽带向北，依次可以见到规模宏大的中下侏罗统延安组砂岩、中侏罗统直罗组砂岩的绿色蚀变和碳酸盐化、下白垩统的油气苗显示等特殊现象，并在鄂尔多斯市(东胜)东南侧近邻的直罗组绿色蚀变砂岩中发现有大型可地浸的东胜砂岩型铀矿床。

显然，鄂尔多斯盆地东北部，自南向北依次发育或呈现的“上石炭-中下二叠统的正常压力气藏→上二叠统石千峰组 Q_5 段的低压气藏”及其油气向北逃逸路径上的“J_{1-2y}砂泥岩烧变→J_{1-2y}砂岩漂白+J_{2z}砂岩绿色蚀变和东胜砂岩型铀矿床→K_1砂岩油气苗”等特殊地质现象，它们在空间分布和产出层位上形成了一种彼此关联的有序组合，越来越多的数据资料显示它们是与上古生界天然气成藏-逸散过程相关联的油气遗迹化石记录。

二、烧变岩分布及其磷灰石裂变径迹热史模拟提供的天然气逸散时代信息

鄂尔多斯盆地东北部神木-双山及其以北地区是上古生界天然气次生成藏和逸散最为强烈的地区，也是盆地区域唯一在上石盒子组区域盖层之上发现上二叠统石千峰组工业气藏的地区，也正是在这一地区自南向北的安崖-大河塔-瑶镇，尤其是神木以北的孙家岔-大柳塔一带，分布着这一地区特有的中下侏罗统延安组烧变岩。通常认为，烧变岩是由近地表有利于助燃环境下煤层自燃烘烤所导致围岩外观、岩石学特征发生改变而成的一类特殊岩石，一般在有自燃煤存在的地方均可见烧变岩。煤层自燃虽属一种常见的地质现象，但在特定地质历史时期、特定地区和特定助燃环境下自燃则是一个值得重视的问题。

鄂尔多斯盆地侏罗系延安组的煤层并非随处自燃的，煤层自燃烧变岩仅出现在盆地东北部一些特定的地区，主要分布在盆地北部的榆林东北安崖-大河塔-窑镇地区和神木盟5井 Q_5 气藏以北的孙家岔-大柳塔地区，这两个地区恰位于盆地东北部上古生界天然气逸散方向，同时也是新生代构造掀斜和微断裂活动相对活跃的地区。因此，这两个地区延安组煤层的自燃和煤层顶板的烧变，显然与盆地东北部上古生界天然气逸散地区是具有空间上彼此关联的有序组合。

我们对采自大河塔西南侧安崖地区的延安组烧变砂岩样品（Y-01）进行了磷灰石裂变径迹分析和热史模拟（图5-3）。AFT分析给出样品的中值年龄为8.9±0.8Ma，径迹长度为11.0±2.5μm，并且通过 χ^2 概率检验。8.9Ma的裂变径迹中值年龄显然指示了样品经历最后一次高温退火事件之后抬升冷却至低于磷灰石裂变径迹封闭温度的年龄记录。

延安组烧变砂岩样品的热史模拟结果（图5-3）显示：烧变砂岩样品和前述鄂尔多斯盆地东北部其他层位非烧变砂岩样品磷灰石裂变径迹热史路径模拟结果具有一个相似的特征，那就是它们都在早白垩世沉降埋藏最大的120Ma经历过一次燕山中期区域构造热事件背景下的埋藏增温，并在最大增温之后快速抬升冷却，65Ma构造抬升冷却峰值年龄时刻达到近地表的温度状态。所不同的是，65Ma构造抬升冷却之后，该样品又经历了一次其他那些非烧变砂岩样品都不曾有的

20Ma 的快速增温，且其增温幅度不亚于早白垩世构造热事件在该样品上留下的记录，但其增温时间相比之下则极其短暂，主要发生在 20Ma，非常接近喜山中晚期强烈构造抬升事件的关键时刻，20Ma 之后发生快速抬升冷却，并于 8.9Ma 冷却至低于磷灰石裂变径迹封闭温度。

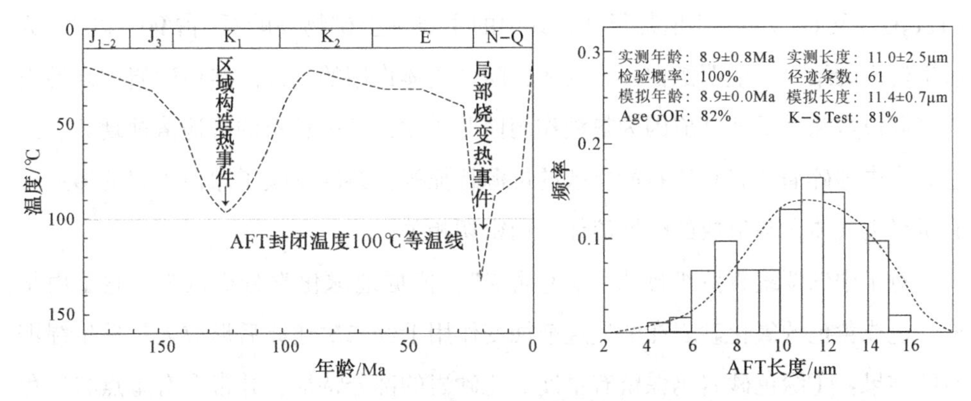

图 5-3　鄂尔多斯盆地东北部延安组烧变砂岩样品磷灰石裂变径迹热史模拟结果

由此认为，安崖地区延安组烧变砂岩应该是这一区段 20Ma 地质历史时期延安组煤层自燃事件的遗迹化石记录，它所处的特定构造位置，以及它所经历的热演化历史与区域构造热事件和有利于天然气逸散的构造抬升事件的特殊耦合关系，暗示延安组烧变砂岩的产出有可能是后期构造抬升事件诱发上古生界天然气逸散而帮助了延安组煤层自燃的结果，这从侧面反映了鄂尔多斯盆地东北部存在 20Ma 的强烈构造抬升事件及其对上古生界天然气的逸散调整的控制作用。

三、中下侏罗统砂岩“漂白+绿色蚀变+碳酸盐化”与上古生界天然气逸散关系

盆地东北部安崖-瑶镇-孙家岔-大柳塔中下侏罗统延安组烧变岩以北、下白垩统砂岩油苗以南的高头窑-神山沟-新庙地区，存在一条长度大于 300km、宽 2~35km、呈北东向弧形展布的“漂白+绿色蚀变+碳酸盐化”砂岩带，近年来的数据资料越来越多地表明，这一地区出现的特殊地质现象实属上古生界天然气藏后期逸散过程的遗迹化石记录。

吴柏林(2006)从地球化学角度对其进行了系统研究，认为中下侏罗统延安组

顶部砂岩的漂白现象是成熟度较高的上古生界煤层气向北逸散，将红色砂岩中的Fe^{3+}还原成Fe^{2+}迁出并发生黏土矿物转变的结果。在盆地东北部延安组顶部存在规模宏大的砂岩漂白现象，漂白现象不仅在露头分布广泛，在区内石油钻孔和东胜砂岩型铀矿钻孔中均可见到。岩石地球化学特征表现为漂白砂岩总铁含量(TFe_2O_3)及Fe^{3+}/Fe^{2+}比值都很低，其中的主要黏土矿物高岭石(占90%以上)为后生转变的结果，说明漂白砂岩为还原酸性流体作用的结果。漂白砂岩中高岭石氢氧同位素测试反映其成因为热液作用而非风化，其中长石的普遍溶蚀现象、红色砂岩中的碎屑片状高岭石所反映的母源特征等，共同反映了漂白砂岩的形成与有机烃类气体参与形成的酸性流体作用密切相关。

对于中侏罗统直罗组砂岩“绿色蚀变”，依据地球化学分析认为，它是由早期红色或黄色的氧化砂岩在油气逸散蚀变作用下经二次还原后形成大量后生绿泥石的结果：①绿色砂岩仍保留有早期氧化砂岩的部分特征，并常含有星点状红色氧化岩石的残留；②对该区直罗组氧化蚀变带、绿色蚀变带、原生灰色岩石带、铀矿化带等岩石样品地球化学测试结果对比，发现绿色砂岩具有明显低$\sum S$、高Fe^{2+}/Fe^{3+}和低有机碳等地化指标，说明其形成于强还原性环境；③在绿色蚀变砂岩碳酸盐胶结物中，包裹体的氢、氧同位素值明显偏高，为流体中水的氢氧同位素受到了油气成分的强烈混染所致；④具有大量的后生铁绿泥石等还原性黏土矿物组成的矿物学特点；⑤灰绿色砂岩中钍/铀比值高，其中铀有明显的迁出，说明灰绿色砂岩曾遭受了较强的氧化作用。以上岩矿、地球化学和同位素特征等表明，灰绿色砂岩早期经历了偏酸性的氧化作用，后期在偏碱性油气流体还原作用下，Fe^{3+}被还原成Fe^{2+}，又经历了绿泥石化还原蚀变作用。因此，东胜神山沟地区直罗组“绿色蚀变”砂岩显然在地球化学上与上古生界天然气逸散密切相关。

由此认为，盆地东北部高头窑-神山沟-新庙地区中下侏罗统砂岩的“漂白+绿色蚀变”现象，实属上古生界天然气藏后期逸散路径上地下流体与有机烃类共同作用形成的一种特殊的油气逸散遗迹化石记录，不仅说明了鄂尔多斯盆地东北部燕山晚期以来尤其是新生代晚期存在上古生界天然气逸散现象，还暗示这一地区的地下流体与有机烃类之间的相互作用产出了一种不同于盆地其他地区的特殊地质-地球化学环境，这可能是造成这一地区出现中下侏罗统砂岩“漂白+绿色蚀变”等特殊地质现象的重要控制因素。

第三节　多种共存矿产耦合成矿(藏)效应

近年来，越来越多的研究成果表明，油、气、煤和砂岩型铀等多种沉积能源矿产相互关联、共存富集于同一沉积盆地中的现象普遍存在，其时空分布和成矿(藏)作用存在密切的内在联系，并明显受控于盆地动力学演化、构造动力体系转换及其关键变革事件的复合叠加效应。鄂尔多斯盆地是我国油、气、煤和砂岩型铀矿等多种能源矿产共存富集的中-新生代大型沉积能源盆地，盆地中的多种能源矿产在成矿母质、赋矿层位、赋存状况、成矿作用和主成矿时期等方面，不仅表现出显著的相关统一性、耦合关联性和差异互补性等特点，而且明显受控于中-新生代大陆动力学体制下盆地多旋回演化-改造过程的关键变革事件及其转换作用。

一、中-新生代关键构造事件与成矿(藏)事件的时空坐标关系及其耦合特点

依据前文有关“不整合”构造事件年代学及其时空坐标、构造热事件及其模拟热史路径和油气充注-成藏年代学等方面的研究进展和认识，结合相关课题在煤矿和砂岩型铀矿等方面的研究成果，综合构建了盆地中-新生代演化-改造过程的关键构造事件与成矿(藏)事件的时间坐标及其空间对比关系，总体揭示了鄂尔多斯盆地尤其是盆地东北部和西南部两个重点区块中-新生代演化-改造过程的关键构造事件与多种矿产耦合成矿(藏)事件之间的时、空对比特征(图5-4)，为同盆共存之多种矿产的耦合成矿机理及其富集规律研究提供重要的定量年代学信息和更窄时域的时间坐标约束。

盆地东北部地区油气、煤矿和砂岩型铀矿等成矿(藏)事件之间的对比关系显示，早燕山期末的中侏罗世晚期的155~175Ma，大致相当于早中侏罗世(大)鄂尔多斯内陆坳陷盆地沉积演化晚期，存在一次早期(原生)油气充注事件。燕

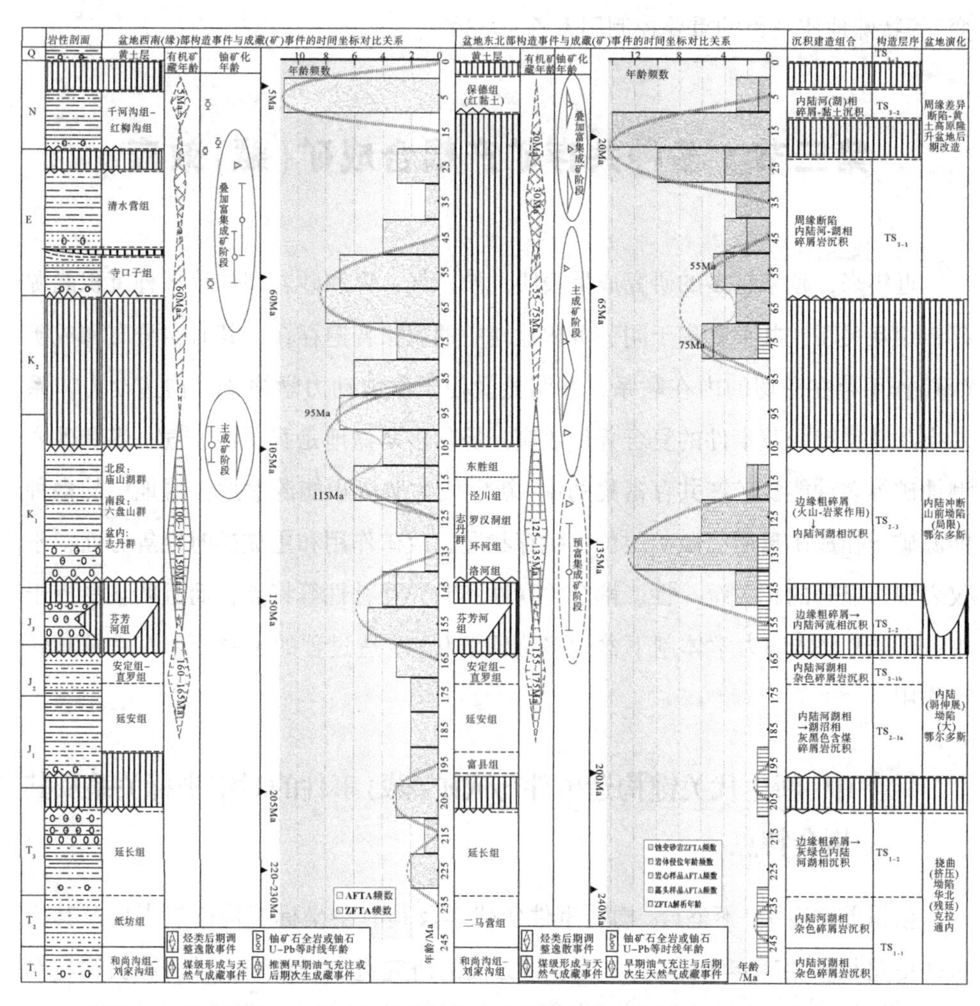

图 5-4　盆地演化-改造过程的关键构造事件与成矿(藏)事件的时、空对比关系

山中期构造热事件时期的晚白垩世呈现多种矿产不同程度的耦合成矿特点，既是包括该区块在内的盆地区域的上古生界大规模天然气主成藏期和煤级热演化程度定型期，也是中侏罗统砂岩型铀矿的预富集成矿阶段，(C_2-P_1-P_2x)大规模(原生)天然气成藏事件主要发生在125~135Ma，东胜地区的预富集铀成矿作用主要发生在120~149Ma。燕山晚期盆地东北部的上古生界气藏开始进入后期调整逸散过程，这一时期的主控构造掀斜抬升事件主要发生在55~75Ma，峰值年龄接近65Ma；与之相近或稍早时期，东胜铀矿的主成矿作用主要集中发生在68~109Ma，部分可延至56Ma。喜山中期，大致相当于红黏土沉积之前的渐新世-中

新世，是盆地东北部构造掀斜抬升作用最为强烈的时期，构造掀斜的峰值年龄事件主要发生在20Ma；也是上古生界气藏调整逸散和次生成藏最活跃的时期，次生成藏事件的峰值年龄接近30Ma；还是东胜地区叠加富集铀成矿的主要时期，叠加富集铀成矿事件的峰值年龄主要分布在8~30Ma。

盆地西南部地区油气、煤矿和砂岩型铀矿等成矿(藏)事件之间的对比关系显示，燕山中期是盆地西南部冲断隆升事件与热事件复杂交织时期，冲断隆升的峰值年龄事件主要发生在晚侏罗世晚期的150Ma和早白垩世晚期的105Ma。这一地区磷灰石裂变径迹分析样品数据的热史路径模拟结果显示，这里的构造热增温事件呈幕式年龄组合发生在100~130~150Ma，这也应该是古生界和中生界上三叠统延长组等烃源岩成熟生烃、大规模(原生)油气成藏的主要时期，毫无疑问也是这一地区煤级热演化程度定型的主要时期。早白垩世晚期的105Ma冲断隆升峰值年龄事件实际上是由115Ma和95Ma两组次级峰值年龄组成的相对较宽时间域的冲断隆升事件，这次隆升峰值年龄事件大致对应于盆地西南部黄陵店头和惠安堡这两个直罗组铀矿的主成矿年龄，分别为98~110Ma和102Ma±4Ma。晚燕山期-喜山期，盆地西南部多旋回冲断隆升和差异升降过程突出地存在60Ma和5Ma两组峰值年龄事件，古近纪-新近纪早中期(5~60Ma)的构造活动相对平静期则是黄陵店头直罗组铀矿、国家湾下白垩统铀矿和惠安堡直罗组铀矿等叠加富集成矿的重要时期(6~51Ma)，其中包括店头的42~51Ma，国家湾的18.6Ma，惠安堡的59.2Ma和6.2~21.9Ma，以及白水的25Ma等。

由此可见，盆地中-新生代演化-改造过程的关键构造事件与耦合成矿(藏)事件的时间坐标及其空间对比关系总体具有如下几个方面的特点。

(1) 燕山中期早白垩世(SW150Ma~NE135Ma~SW105Ma)时空坐标系下的构造热事件促成了盆地区域多种矿产耦合成矿(藏)作用的协同爆发。盆地东北部以NE135Ma岩浆侵位峰值年龄为标示的构造热事件与盆地西南缘(部)两组冲断隆升事件的峰值年龄区间域(SW150Ma~SW105Ma)相对应，构成燕山中期构造热事件以早白垩世早中期为主要时间域的构造热增温作用及其控制下多种矿产耦合成矿作用的协同爆发，突出表现为盆地区域上古生界-中生界原生油气成藏和煤级定型，以及盆地东北部和西南部中侏罗统砂岩型铀矿的预富集-成矿。盆地东北部上古生界-中生界煤级定型和C_2-P_1-P_2x大规模(原生)天然气成藏事件年龄为125~135Ma，中侏罗统直罗组预富集铀矿化年龄为120~149Ma；盆地西南部上古生界-中生界煤级定型和原生油气成藏事件年龄为100~130~150Ma，黄陵店头和惠安堡等中侏罗统直罗组铀成矿年龄分别为98~110Ma和102Ma±4Ma。

（2）晚燕山期末（NE65Ma~SW60Ma）和喜山中晚期（NE20Ma~SW5Ma）时空坐标系下的构造掀斜抬升事件不同程度地控制着盆地东北部和西南部的油气次生成藏-调整逸散和中侏罗统直罗组-下白垩统砂岩型铀矿的主成矿和叠加富集成矿作用。其中，盆地东北部两组构造掀斜峰值年龄事件（NE65Ma~NE20Ma），分别对应控制着中侏罗统直罗组砂岩型铀矿的主成矿事件（56~68~109Ma）和叠加富集成矿事件（8~30Ma），但 Q_5 天然气次生成藏事件则发生在两次构造掀斜峰值年龄事件之间歇转换时期的30Ma；盆地西南部两组冲断隆升峰值年龄事件（SW60Ma~SW5Ma）并不直接对应成矿年龄事件，而是两组峰值年龄事件之间的时间域分别控制着盆地南缘（部）黄陵店头的42~51Ma、国家湾的18.6Ma、惠安堡的59.2Ma和6.2~21.9Ma等叠加富集铀成矿年龄事件。

（3）峰值年龄事件的构造属性、作用强度等的差异很大程度上控制着多种矿产耦合成矿（藏）事件的时空对比关系。燕山中期构造热增温事件可以促成同盆共存之有机与无机、金属与非金属、固体与流体等多种矿产耦合成矿（藏）作用的协同爆发，表现为构造事件与成矿（藏）事件之间的协同耦合。构造抬升冷却事件作用方式和强度的差异决定着耦合成矿（藏）事件的不同效应：盆地西南缘强活动型冲断隆升事件，不仅容易造成原生油气藏的破坏逸散，也不利于砂岩型铀矿的形成，多种矿产的耦合成矿作用主要发生在峰值年龄事件之间相对平稳的构造转换期，表现为构造事件与成矿（藏）事件之间的异步耦合；盆地东北部适度活动型构造掀斜抬升事件与多种矿产的耦合成矿（藏）事件具有近乎一致的峰值年龄分布，不仅促成砂岩型铀矿的形成和叠加富集，而且伴随原生油气藏的调整逸散和次生成藏，表现为构造事件与成矿（藏）事件之间的同步耦合。

二、同盆共存之多种能源矿产的多因素耦合成矿（藏）作用

沉积盆地成矿（藏）系统是在极端环境条件及其特定临界状态下多组成耦合和多过程耦合的动力学系统，具有复杂性、非线性、自组织性（於崇文，1999）。

如何从复杂性和非线性角度客观认识沉积盆地成矿(藏)系统的极端环境条件及其自组织临界状态，是探索认识多种矿产同盆共存富集的环境条件及其统一动力学背景的核心难点问题。综合前文有关盆地中-新生代演化-改造过程、“不整合”构造事件年代学及其与多种能源矿产耦合成矿关系等方面的成果认识，探索编图构建了鄂尔多斯盆地构造与多种共存矿产耦合关联的时空框架体系(图 5-5)。在此基础上，通过对已发现多种矿产耦合成矿地区地质构造条件和事件年代学对比关系的剖析，尝试从空间组合、时间坐标、耦合环境等不同侧面探讨分析盆地成矿(藏)系统的耦合成矿(藏)作用及与之关联的构造转换事件和极端环境的边界条件或临界状态。

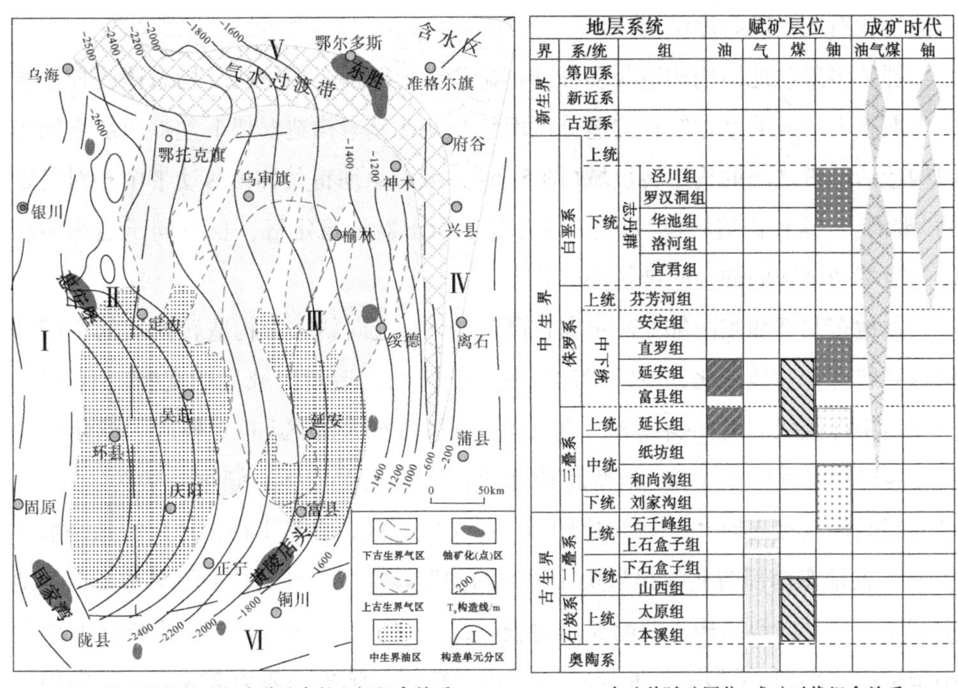

(a)盆地结构构造与多种矿产的空间组合关系　　(b)多矿种赋矿层位-成矿时代组合关系

图 5-5　鄂尔多斯盆地多种矿产-时空关系

(一) 盆地结构构造与多种矿产空间组合的耦合关联性及其空间坐标耦合的临界状态

鄂尔多斯盆地结构构造与多种矿产空间组合的耦合关联性：其一，有机矿产的空间分布呈现为盆地结构分区控矿(藏)的特点，东北部斜坡带的古生界气区、西南部坳陷带的中生界(T_3-J_{1+2})油区，以及盆地周缘浅埋藏-露头区的太原组-

山西组和延长组-延安组煤矿。其二，无机矿产，尤其砂岩型铀矿的空间分布呈现构造走向转换域富集控矿的特点，盆地东北隅的东胜直罗组砂岩型铀矿、山西组镓矿和东南隅的黄陵店头直罗组砂岩型铀矿等，显然受控于盆地南、北边缘WE走向古隆起与东部SN走向斜坡之间的构造转换域及其“似勺状复向斜构造”，盆地西南缘的国家湾下白垩统砂岩型铀矿和惠安堡直罗组砂岩型铀矿则受控于六盘山“反S形构造体系”内、外拐点的构造转换域。其三，原生油气藏定位于盆内构造相对稳定区，次生油气藏向盆缘(油)气水过渡带逼近，砂岩型铀矿通常位于油气运移指向或逃逸路径上的盆地边坡(油)气水过渡带，总体构成了从盆地腹部到盆地边缘的原生油气藏→次生油气藏→(油)气水过渡带+砂岩型铀矿+油气遗迹化石的空间有序结构。

鄂尔多斯盆地结构构造与多种共存矿产富集区耦合的空间结构总体受控于燕山中期基本形成的盆地结构构造分区面貌和在此基本构造框架下盆地边缘不同走向构造活动带之间的构造转换域(图5-6)，或形象地将其称为活动带中相对稳定的“港湾”。这种构造转换“港湾”具有既不同于盆地稳定区，也不同于边缘活动带的极端乃至脆弱的空间结构临界状态。

盆地东北部和东南部EW走向古隆起与SN走向斜坡带构造转换域的空间结构临界状态：盆地东北部伊盟隆起与陕北斜坡的构造转换域呈现宽缓、不对称、向盆地中部倾伏的复向斜结构，西北翼(东胜铀矿及邻区)相对较陡，倾角一般为2°~5°，发育较多小型-微型脆性断层；东翼相对较缓，倾角一般为1°~3°；复向斜倾伏至盆内榆林-米脂的原生C_2-P_2x气藏区，更趋平稳，地层倾角一般小于1°。盆地东南部渭北隆起与陕北斜坡的构造转换域呈现宽缓、不对称、向盆地中部倾伏的复向斜结构，西南翼相对较陡，倾角一般为3°~8°，发育舒缓开阔的小型褶曲及小型-微型脆性断层；东翼相对较缓，倾角一般为2°~5°；复向斜倾伏至盆地内部则更趋平稳，地层倾角一般小于1°。

盆地西南(缘)部的六盘山弧形构造带与华北地块南缘构造带联合构成的“反S形构造体系”是秦-祁造山带北缘冲断构造变形相对较强的复杂构造带，“反S形构造体系”与稳定地块交界地带的拐点构造转换域则具有类似“港湾”的相对稳定结构。盆地西南(缘)部拐点构造转换域的空间结构临界状态：盆地西南部“反S形内凹拐点”——陇县构造转换域，属于六盘山弧形冲断带东翼与渭北隆起交

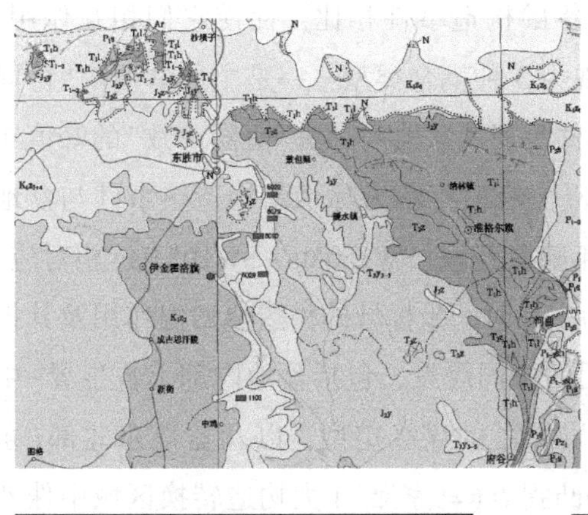

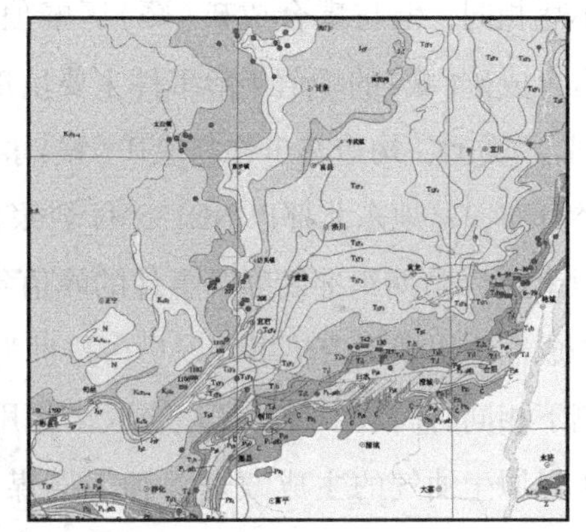

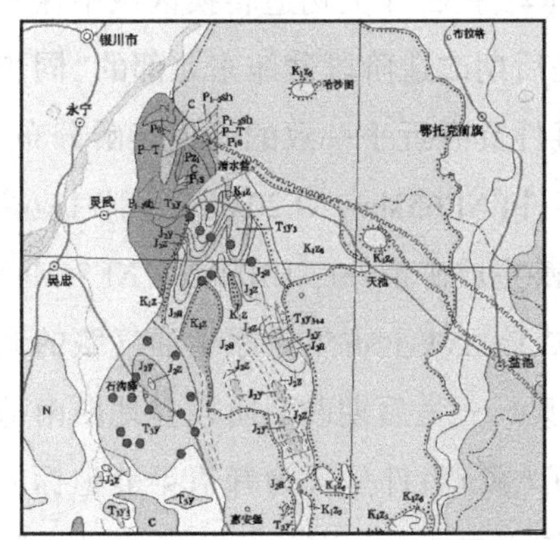

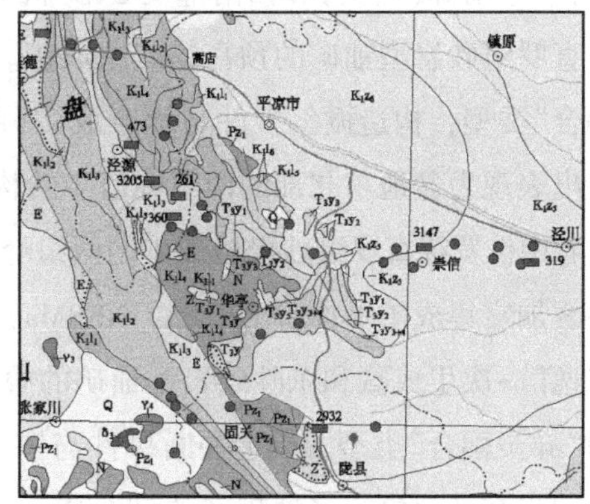

图 5-6　砂岩型铀矿与近地表构造的空间组合特征(据徐高中，2008)

接转换部位之景福山-华亭冲断构造带相对稳定的一个次级洼陷区，国家湾下白垩统砂岩型铀矿床恰位于该次级洼陷的李家河向斜南翼，相当于向斜翼部地层产状发生变化的接近汇水洼地。盆地西南部“反S形外凸拐点”——马家滩构造转换域，构造上属于六盘山弧形构造带外凸拐点前缘的马家滩-惠安堡沉积盖层逆冲推覆段，位居其中的石沟驿铀矿主要发育在逆冲推覆带之弱变形区的宽缓背、向斜翼部；同时，其北侧紧邻的灵台-吴忠-磁窑堡地区不同于马家滩逆冲推覆构造的冲断块构造实际上还是盆地西缘南、北段之间构造转换带的重要组成部分，位居其中的磁窑堡铀矿主要发育在宽缓背、向斜构造的翼部或倾伏端。

(二) 盆地构造演化事件与成矿(藏)事件的耦合关联性及其时间坐标的临界耦合状态

鄂尔多斯盆地的多种能源矿产的成矿(藏)作用及其矿(藏)定位的时代范围

不尽相同，但与耦合成矿(藏)区峰值年龄构造事件相比，促使它们相互作用、耦合成矿(藏)的峰值年龄事件主要呈现为3种耦合类型：一是主成盆期的“协同耦合”类型，构造热事件与成矿(藏)事件呈现从盆地到区块“协同一致”的峰值年龄分布，盆地东北部以NE135Ma岩浆侵位峰值年龄为标示的构造热事件与盆地西南缘(部)两组冲断隆升事件的峰值年龄区间域(SW150Ma~SW105Ma)相对应，构成燕山中期构造热事件以早白垩世为主要时间坐标域的构造热增温作用及其控制下相同时间域多种矿产耦合成矿作用的协同爆发，包括盆地内部上古生界-中生界原生油气的主成藏过程和不同煤岩层系的煤级定型，以及盆地东北部(东胜)、东南部(店头)和西南部反S形外凸拐点(马家滩)4大构造转换区域中侏罗统直罗组砂岩型铀矿的预富集或主成矿。二是后期改造阶段盆地东北部的“同步耦合”类型，构造掀斜事件与耦合成矿(藏)事件具有近乎一致的峰值年龄分布，突出表现为盆地东北部的两组峰值年龄构造事件(NE65Ma~NE20Ma)分别对应控制着中侏罗统直罗组砂岩型铀矿的两组峰值年龄主成矿事件(NE109Ma，NE56Ma)和叠加富集成矿事件(NE30Ma，NE8Ma)，促成该区块上古生界原生油气藏的调整逸散+次生成藏和东胜砂岩型铀矿的叠加富集。三是后期改造阶段盆地西南部的“异步耦合”类型，构造冲断事件与耦合成矿(藏)事件呈现为峰值年龄坐标的非同步交叉现象，多种矿产的耦合成矿(藏)作用主要发生在峰值年龄事件之间相对平稳的构造转换期，突出表现为盆地西南部两组冲断隆升事件的峰值年龄坐标(SW60Ma~SW5Ma)异步控制了黄陵店头(42~51Ma)和马家滩-国家湾(6.2~18.6~21.9~59.2Ma)等中侏罗统直罗组砂岩型铀矿的叠加富集成矿事件和国家湾下白垩统砂岩型铀矿的主成矿事件。

由此认为，鄂尔多斯盆地中-新生代构造事件(T)与成矿(藏)事件(R)之间峰值年龄坐标的临界耦合状态主要有3种基本类型。一是盆地(B)规模燕山中期构造热事件主控的“协同耦合”型——$T-R_B$型，构造热事件与成矿(藏)事件协同耦合临界状态的峰值年龄时空坐标为$T-R_B$(105~135~150Ma)。二是盆地东北部(NE)构造掀斜抬升事件主控的“同步耦合”型——$T-R_{NE}$型，构造事件与成矿(藏)事件同步耦合临界状态的峰值年龄时空坐标为$T-R_{NE}$(56~65~109Ma)和$T-R_{NE}$(8~20~30Ma)。三是盆地西南部(SW)构造冲断隆升事件主控的“异步耦合”型——$T-R_{SW}$型，构造事件与成矿(藏)事件的峰值年龄分布呈异步耦合临界状态的时空坐标分别为：T_{SW}(SW60Ma～SW5Ma)、R_{SW}(59.2～6.2Ma)，简化为 R_{SW}(59.2～6.2Ma)，或将二者联合写为 T-R_{SW}(60～59.2～6.2～5Ma)。

（三）盆地多种矿产成矿(藏)作用的耦合关联性及其耦合成矿(藏)的统一盆地动力学环境和临界环境状态

近年来的研究，越来越多的证据和现象表明，沉积盆地中油、气和煤等有机能源矿产的成矿(藏)作用共同表现为必要适度的和近乎一致的构造-热演化环境及其相互转化或贡献的习性，并在其成矿(藏)过程中不同程度地伴随着有机烃类的逸散，以及在其逸散或逃逸的路径上形成有机地球化学还原障环境，这种有机还原障环境被视为盆地周缘氧化还原过渡带砂岩铀矿化富集的重要条件。因此，同盆共存的油、气、煤和砂岩型铀矿等多种沉积能源矿产的成矿(藏)作用存在密切的耦合关联性。但需要注意的是，同盆共存之多种矿产的耦合富集成矿(藏)显然需要特定的时间和空间或特定的时空坐标体系下的极端甚至脆弱的环境条件，使之能够不仅促成有机能源矿产的富集成矿(藏)，还能够引发有机矿(藏)的适度逸散和在逸散方向的特定地区和层段产生有机还原障环境，从而促成特定氧化还原过渡带砂岩铀矿化富集。

依据上述有关鄂尔多斯构造与多种矿产空间组合的耦合关联性和中-新生代构造演化事件与成矿(藏)事件的耦合关联性及其相关时间和空间之边界条件的认识，综合分析认为，多种共存矿产耦合富集成矿(藏)的统一盆地动力学环境是指“构造转换”时空坐标体系下复杂耦合形成的一种能够促成盆地成矿(藏)系统的各种成矿(藏)要素和作用向着有利于多种矿产富集成矿(藏)方向发展并最终耦合富集成矿(藏)-共存定位的极端环境条件及其自组织临界状态。这种复杂的“构造转换”时空坐标体系主要包含两个方面内涵：一是指在时间坐标系下的构造转换事件“控时”，即关键构造转换事件的峰值年龄坐标控制着耦合富集成矿(藏)的关键时刻(期)。就如同海洋盆地的极端物质交换需要突发性海啸事件的极端作用一样，沉积盆地成矿(藏)系统中有利于耦合富集成矿(藏)的极端物质交换也需要盆地演化-改造过程中类似“海啸”的突发性峰值年龄构造转换事件，因而沉积盆地成矿(藏)系统中的构造转换事件“控时”在某种程度上可形象类比为“海啸效应”。二是指空间坐标系下的构造转换空间“定位”，即构造走向或样式发生变换的构造转换空间决定着耦合成矿(藏)的共存富集位置，就如同海洋盆地的“港湾”(或海湾)在海啸狂潮时期仍能够保持一种特殊的临界状态并成为各种环境物质交换、接纳和寄宿的特殊空间一样，沉积盆地成矿(藏)系统中多种矿产的耦合富集成矿(藏)也必须能够在构造变革期仍能够保持特殊临界状态的类似海啸中“港湾”那样的构造转换空间域，因而沉积盆地成矿(藏)系统中构造转换空间“定位”在某种程度上可形象类比为海啸期的“港湾效应”。

由此认为，多种共存矿产耦合富集成矿(藏)之统一盆地动力学环境的边界条件或临界状态与盆地演化-改造过程在时间域和空间域的“构造转换效应”密切关联。时间域：关键变革期构造转换事件的强烈构造变形、岩浆-热液活动及其水岩相互作用等所引发的一系列不同尺度的物理-化学-生物作用及其成矿参数的联动转换，是多种共存矿产耦合富集成矿(藏)必需的极端环境条件；空间域：构造转换地区既不同于盆地稳定区，也不同于边缘活动带的独特空间位置及其在关键变革期的极端环境下能够耦合产生适度构造活动和有利成矿(藏)物质积聚的临界环境状态，是多种共存矿产耦合富集成矿(藏)必要的空间结构条件。

依据上述鄂尔多斯盆地中-新生代构造事件与成矿(藏)事件之间的耦合关系类型及其耦合环境效应的相关研究成果，综合分析认为，构造转换期和构造转换域的时-空构造转换效应在盆地及其不同区块多种共存矿产耦合富集成矿(藏)过程中总体呈现为与“协同耦合、同步耦合、异步耦合”等多种复杂耦合类型相对应的不同时-空边界条件和(或)临界状态。

(1)“协同耦合”的T-R_B型，主成盆期盆地规模构造热事件与耦合成矿(藏)事件协同爆发的代表类型，突出表现为受控于燕山中期构造热事件的区域强烈陆内变形、岩浆-热液活动及其水岩相互作用等极端环境条件，以及从盆地到局部区块近乎协同一致的构造热事件和成矿(藏)事件的峰值年龄分布及其耦合统一的临界时间坐标刻度——T-R_B(150~135~105Ma)。

(2)“同步耦合”的T-R_{NE}型，晚燕山期-喜山期盆地后期改造阶段之盆地东北部耦合成矿(藏)事件的代表类型，突出表现为以构造掀斜抬升为其构造作用的边界环境条件，以构造事件与成矿(藏)事件近乎同步的峰值年龄分布为其时间坐标的临界耦合状态，并通过相对平稳的构造掀斜作用方式与相对剧烈的峰值年龄构造事件的时-空同步耦合，形成了盆地东北部特有的适宜于耦合富集成矿

(藏)的“适度”构造活动环境条件，以及分别与65Ma和20Ma两组峰值年龄事件相对应的耦合成矿(藏)事件的临界时间坐标刻度T-R_{NE}(109~65~56Ma)和T-R_{NE}(30~20~8Ma)。

(3)“异步耦合”的T-R_{SW}型，晚燕山期-喜山期盆地后期改造阶段之盆地西南部(NE)的代表类型，突出表现为以冲断隆升为其构造作用的边界环境条件，以构造事件与成矿(藏)事件非同步的峰值年龄分布为其时间坐标的临界耦合状态，并通过相对活动的冲断构造作用方式与相对平稳的峰值年龄事件的时-空异步耦合，形成了盆地西南部特有的适宜于耦合富集成矿(藏)的“适度”构造活动环境条件，以及喜山早中期60Ma和5Ma两次构造事件峰值年龄之间耦合成矿(藏)事件的临界时间坐标刻度T-R_{SW}(60~59.2~6.2~5Ma)。

沉积盆地成矿(藏)系统是在极端环境条件及其特定临界状态下多组成耦合和多过程耦合的复杂动力学系统。因此，多种共存矿产耦合富集成矿(藏)的统一盆地动力学环境主要体现在关键构造转换期和空间构造转换域的“构造转换效应”及其耦合产生的既不同于盆地稳定区也有别于边缘强烈活动带的特殊构造转换空间域的“适度构造活动效应”。前文通过对鄂尔多斯盆地东北部和西南部两个区块的重点解剖，初步建立了与之对应的构造转换时间坐标和适度构造活动区空间结构的某些临界状态参数指标，为多种矿产耦合成矿(藏)机理和富集规律研究提供了统一盆地动力学环境的时空坐标框架及其相应的边界约束条件；但问题依然存在，这将是沉积盆地成矿(藏)系统研究面临的需要更多实体解剖、更为深入研究、更为精细模拟和更具挑战性的重要科学前沿问题。

参 考 文 献

[1] 陈刚，丁超，徐黎明，等．多期次油气成藏流体包裹体间接定年：以鄂尔多斯盆地东北部二叠系油气藏为例[J]．石油学报，2012，33(6)：1003-1011.

[2] 陈刚，李向平，周立发，等．鄂尔多斯盆地构造与多种矿产的耦合成矿特征[J]．地学前缘，2005，12(4)：535-541.

[3] 陈刚，王志维，白国娟，等．鄂尔多斯盆地中-新生代峰值年龄事件及其沉积、构造响应[J]．中国地质，2007，34(3)：375-382.

[4] 陈刚，徐黎明，丁超，等．用自生伊利石定年确定鄂尔多斯盆地东北部二叠系油气成藏期次[J]．石油与天然气地质，2012，33(5)：713-719.

[5] 陈刚．中生代鄂尔多斯盆地陆源碎屑成分及其构造属性[J]．沉积学报，1999，17(3)：409-413.

[6] 陈红汉．油气成藏年代学研究进展[J]．石油与天然气地质，2007，28(2)：143-150.

[7] 陈瑞银，罗晓容，陈占坤，等．鄂尔多斯盆地埋藏演化史恢复[J]．石油学报，2006，27(2)：43-47.

[8] 陈章明，吴元燕，吕延防，等．油气藏保存与破坏研究[M]．北京：石油工业出版社，2003.

[9] 崔盛琴，李锦蓉，孙家树，等．华北陆块北缘构造运动序列及区域构造格局[M]．北京：地质出版社，2000.

[10] 邓晋福，莫宣学，赵海玲，等．中国东部燕山期岩石圈-软流圈系统大灾变与成矿环境[J]．矿床地质，1999，18(4)：309-315.

[11] 邓晋福，魏文博，邱瑞照，等．中国华北地区岩石圈三维结构及其演化[M]．北京：地质出版社，2007.

[12] 翟明国，樊祺诚．华北克拉通中生代下地壳置换：非造山过程的壳幔交换[J]．岩石学报，2002，18(1)：1-9.

[13] 翟明国，孟庆任，刘建明，等．华北东部中生代构造体制转折峰期的主要地质效应和形成动力学探讨[J]．地学前缘，2004，11(3)：285-294.

[14] 翟明国，朱日祥，刘建明．华北东部中生代构造体制转折的关键时限[J]．中国科学(D辑：地球科学)，2003，33(10)：913-920.

[15] 翟裕生，吕古贤．构造动力体制转换与成矿作用[J]．地球学报，2002，23(2)：97-102.

[16] 翟裕生．地球系统科学与成矿学研究[J]．地学前缘，2004，11(1)：1-10.
[17] 丁超，陈刚，李振华，等．鄂尔多斯盆地东北部构造热演化史的磷灰石裂变径迹分析[J]．现代地质，2011，25(3)：581-588.
[18] 丁超，陈刚，张宏发，等．鄂尔多斯盆地东部紫金山岩体地球化学与构造环境分析[J]．矿物岩石，2011，31(3)：74-81.
[19] 丁超，陈刚，郭兰，等．鄂尔多斯盆地东北部上古生界油气成藏期次[J]．地质科技情报，2011，30(5)：69-73.
[20] 丁超，陈刚，郭兰，等．鄂尔多斯盆地东北部差异隆升过程裂变径迹分析[J]．中国地质，2016，43(4)：1238-1247.
[21] 丁超，郭顺，郭兰，等．鄂尔多斯盆地南部延长组长8油藏油气充注期次[J]．岩性油气藏，2019，31(4)：21-31.
[22] 付金华，董国栋，周新平，等．鄂尔多斯盆地油气地质研究进展与勘探技术[J]．中国石油勘探，2021，26(3)：19-40.
[23] 郝杰，李日俊．论华夏大陆及有关问题[J]．中国区域地质，1993(3)：274-278.
[24] 胡圣标，张容燕，周礼成．油气盆地地热史恢复方法[J]．勘探家，1998，3(4)：52-54.
[25] 黄锦江．山西临县紫金山碱性环状杂岩体岩石学特征与成因研究[J]．现代地质，1991，5(1)：24-40.
[26] 贾承造，庞雄奇，郭秋麟，等．基于成因法评价油气资源：全油气系统理论和新一代盆地模拟技术[J]．石油学报，2023，44(9)：1399-1416+1394-1395.
[27] 金之均，张一伟，王捷，等．油气成藏机理与分布规律[M]．北京：石油工业出版社，2003，59-73.
[28] 景琛，王兆兵，张德龙．利用流体包裹体确定成藏期研究进展[J]．中外能源，2018，23(11)：48-54.
[29] 康铁笙，王世成．地质热历史研究的裂变径迹方法[M]．北京：科学出版社，1991.
[30] 李明诚，单秀琴，马成华．油气成藏期探讨[J]．新疆石油地质，2005，26(5)：587-591.
[31] 李明诚，马成华，胡国艺，等．油气藏的年龄[J]．石油勘探与开发，2006，33(6)：653-656.
[32] 李明诚．对油气运聚研究中一些概念的再思考[J]．石油勘探与开发，2002，29(2)：13-16.
[33] 李明诚．对油气运聚若干问题的再认识[J]．新疆石油地质，2008，29(2)：133-137.
[34] 李明诚．石油与天然气运移[M]．北京：石油工业出版社，2004.

[35] 李森，朱如凯，崔景伟，等．古环境与有机质富集控制因素研究：以鄂尔多斯盆地南缘长 7 油层组为例[J]．岩性油气藏，2019，31(1)：87-95.
[36] 李文涛，陈红汉．多旋回叠合盆地油气成藏期次与成藏时期确定：以渤海湾盆地临清坳陷东部上古生界为例[J]．石油与天然气地质，2011，32(3)：333-341.
[37] 李仲东，郝蜀民，李良，等．鄂尔多斯盆地上古生界压力封存箱与天然气的富集规律[J]．石油与天然气地质，2007，28(4)：466-472.
[38] 梁宇，任战利，王彦龙，等．鄂尔多斯盆地子长地区延长组流体包裹体特征与油气成藏期次[J]．石油与天然气地质，2011，32(2)：182-191.
[39] 梁宇．子长油田延长组油气藏特征与油气成藏规律研究[D]．西安：西北大学，2011.
[40] 刘超，王震亮，刘池洋，等．鄂尔多斯盆地延长矿区延长组流体包裹体特征[J]．地球学报，2009，30(2)：215-220.
[41] 刘池洋．盆地多种能源矿产共存富集成藏(矿)研究进展[M]．北京：科学出版社，2005.
[42] 刘池洋，赵红格，桂小军，等．鄂尔多斯盆地演化-改造的时空坐标及其成藏(矿)响应[J]．地质学报，2006，80(5)：617-633.
[43] 刘池洋，赵红格，王锋，等．鄂尔多斯盆地西缘(部)中生代构造属性[J]．地质学报，2005，79(6)：737-747.
[44] 刘德汉，肖贤明，田辉，等．含油气盆地中流体包裹体类型及其地质意义[J]．石油与天然气地质，2008，29(4)：491-501.
[45] 刘亢，曹代勇，林中月，等．沁水盆地中北部沉降史分析[J]．煤田地质与勘探，2013，41(2)：8-11+15.
[46] 刘正宏，徐仲元，杨振升．大青山逆冲推覆构造形成时代的^{40}Ar-^{39}Ar 年龄证据[J]．科学通报，2003，48(20)：2192-2197.
[47] 卢焕章，范宏瑞，倪培，等．流体包裹体[M]．北京：科学出版社，2004.
[48] 罗春艳，罗静兰，罗晓容，等．鄂尔多斯盆地中西部长 8 砂岩的流体包裹体特征与油气成藏期次分析[J]．高校地质学报，2014，20(4)：623-634.
[49] 马艳萍，刘池洋，王建强，等．盆地后期改造中油气运散的效应：鄂尔多斯盆地东北部中生界漂白砂岩的形成[J]．石油与天然气地质，2006(2)：233-238+243.
[50] 马艳萍．鄂尔多斯盆地东北部油气逸散特征及其地质效应[D]．西安：西北大学，2007.
[51] 欧光习，李林强，孙玉梅．沉积盆地流体包裹体研究的理论与实践[J]．矿物岩石地球化学通报，2006，25(1)：1-11.

[52] 庞雄奇，罗晓容，姜振学，等．中国西部复杂叠合盆地油气成藏研究进展与问题[J]．地球科学进展，2007，22(9)：879-887.

[53] 戚国伟，张进江，王新社，等．内蒙古大青山中生代逆冲-伸展构造格局及空间关系[J]．自然科学进展，2007，17(3)：329-338.

[54] 邱楠生，何丽娟，常健，等．沉积盆地热历史重建研究进展与挑战[J]．石油实验地质，2020，42(5)：790-802.

[55] 任纪舜，王作勋，陈炳蔚．新一代中国大地构造图[J]．中国区域地质，1997，16(3)：225-230.

[56] 任战利，张盛，高胜利，等．鄂尔多斯盆地热演化程度异常分布区及形成时期探讨[J]．地质学报，2006，80(5)：674-682.

[57] 任战利，崔军平，郭科，等．鄂尔多斯盆地渭北隆起抬升期次及过程的裂变径迹分析[J]．科学通报，2015，60(14)：1298-1309.

[58] 任战利，崔军平，祁凯，等．叠合盆地深层、超深层热演化史恢复理论及方法研究新进展[J]．西北大学学报(自然科学版)，2022，52(6)：910-929.

[59] 任战利，祁凯，李进步，等．鄂尔多斯盆地热动力演化史及其对油气成藏与富集的控制作用[J]．石油与天然气地质，2021，42(5)：1030-1042.

[60] 任战利，祁凯，刘润川，等．鄂尔多斯盆地早白垩世构造热事件形成动力学背景及其对油气等多种矿产成藏(矿)期的控制作用[J]．岩石学报，2020，36(4)：1213-1234.

[61] 任战利，于强，崔军平，等．鄂尔多斯盆地热演化史及其对油气的控制作用[J]．地学前缘，2017，24(3)：137-148.

[62] 任战利，张盛，高胜利，等．鄂尔多斯盆地构造热演化史及其成藏成矿意义[J]．中国科学(D辑：地球科学)，2007(S1)：23-32.

[63] 任战利．鄂尔多斯盆地热演化史与油气关系的研究[J]．石油学报，1996，17(1)：339-349.

[64] 任战利．中国北方沉积盆地构造热演化史研究[M]．北京：石油工业出版社，1999.

[65] 山西省地质矿产局．山西省区域地质志[M]．北京：地质出版社，1989.

[66] 石广仁，李阿梅，张庆春．盆地模拟技术新进展(一)：国内外发展状况[J]．石油勘探与开发，1997(3)：38-40，98-99.

[67] 石铨曾，尚玉忠，庞继群，等．河南东秦岭北麓的推覆构造及煤田分布[J]．河南地质，1990(4)：21-34.

[68] 时保宏，张艳，陈杰，等．鄂尔多斯盆地定边地区中生界油藏包裹体特征及地质意义[J]．石油学报，2014，35(6)：1088-1095.

[69] 孙少华，李小明，龚革联．鄂尔多斯盆地构造热事件研究[J]．科学通报，1997，42(3)：306-309.

[70] 唐建云．鄂尔多斯盆地定边地区延安组-延长组石油成藏条件差异及主控因素研究[D]．西安：西北大学，2014.

[71] 田朋飞，袁万明，杨晓勇．热年代学基本原理、重要概念及地质应用[J]．地质论评，2020，66(4)：975-1004.

[72] 万天丰，朱鸿．中国大陆及邻区中生代-新生代大地构造与环境变迁[J]．现代地质，2002，16(2)：107-120.

[73] 王飞宇，何萍，张水昌．利用自生伊利石 K-Ar 定年分析烃类进入储集层的时间[J]．地质论评，1997，43(5)：540-547.

[74] 王飞宇，金之钧，吕修祥．含油气盆地成藏期分析理论和新方法[J]．地球科学进展，2002，17(5)：754-762.

[75] 王国灿．沉积物源区剥露历史分析的一种新途径：碎屑锆石和磷灰石裂变径迹热年代学[J]．地质科技情报，2002，21(4)：35-40.

[76] 王乃军，赵靖舟，罗静兰，等．利用流体包裹体法确定成藏年代：以鄂尔多斯盆地下寺湾地区三叠系延长组为例[J]．兰州大学学报(自然科学版)，2010，46(2)：22-25.

[77] 王香增，王念喜，于兴河，等．鄂尔多斯盆地东南部上古生界沉积储层与天然气富集规律[M]．北京：科学出版社，2017.

[78] 王亚莹，蔡剑辉，阎国翰，等．山西临县紫金山碱性杂岩体 SHRIMP 锆石 U-Pb 年龄、地球化学和 Sr-Nd-Hf 同位素研究[J]．岩石矿物学杂志，2014，33(6)：1052-1072.

[79] 王瑜．构造热年代学：发展与思考[J]．地学前缘，2004，11(4)：435-443.

[80] 王子煜，漆家福，陆克政．黄骅坳陷东部构造带新生代构造沉降史分析[J]．石油与天然气地质，2000(2)：127-129，167.

[81] 吴柏林，王建强，刘池阳，等．东胜砂岩型铀矿形成中的天然气地质作用的地球化学特征[J]．石油与天然气地质，2006，27(2)：225-232.

[82] 吴仁贵，陈安平，余达淦．沉积体系分析与河道砂岩型铀矿成矿条件讨论：以鄂尔多斯中-新生代盆地车胜地区为例[J]．铀矿地质，2003，19(2)：94-99.

[83] 吴元保，郑永飞．锆石成因矿物学研究及其对 U-Pb 年龄解释的制约[J]．科学通报，

2004，49(16)：1589-1604.

[84] 吴珍汉，江万，吴中海．青藏高原腹地典型盆-山构造形成时代[J]．地球学报，2002，23(4)：289-294.

[85] 吴中海，吴珍汉．裂变径迹法在研究造山带隆升过程中的应用介绍[J]．地质科技情报，1999，18(4)：27-32.

[86] 武铁山．山西省岩石地层[M]．武汉：中国地质大学出版社，1997.

[87] 夏邦栋，方中，吕洪波．磨拉石与全球构造[J]．石油实验地质，1989，11(4)：314-319.

[88] 夏毓亮，林锦荣，刘汉彬．中国北方主要产铀盆地砂岩型铀矿成矿年代学研究[J]．铀矿地质，2003，19(3)：129-136.

[89] 肖贤明，刘祖法，刘德汉．应用储层流体包裹体信息研究天然气气藏的成藏时间[J]．科学通报，2002，47(12)：957-960.

[90] 肖媛媛，任战利，秦江峰，等．山西临县紫金山碱性杂岩 LA-ICP MS 锆石 U-Pb 年龄、地球化学特征及其地质意义[J]．地质论评，2007，53(5)：656-663.

[91] 许文良，王冬艳，王清海．华北地块中东部中生代侵入杂岩中角闪石和黑云母的$^{40}Ar-^{39}Ar$定年：对岩石圈减薄时间的制约[J]．地球化学，2004，33(3)：221-230.

[92] 薛楠，朱光有，吕修祥，等．油气成藏年代学研究进展[J]．天然气地球科学，2020，31(12)：1733-1748.

[93] 闫海军，何东博，许文壮，等．古地貌恢复及对流体分布的控制作用：以鄂尔多斯盆地高桥区气藏评价阶段为例[J]．石油学报，2016，37(12)：1483-1494.

[94] 闫义，林舸，李自安．利用锆石形态、成分组成及年龄分析进行沉积物源区示踪的综合研究[J]．大地构造与成矿学，2003，27(2)：184-188.

[95] 阎国翰，牟保磊，曾贻善．山西临县紫金山碱性岩-碳酸岩杂岩体的稀土元素和氧锶同位素特征[J]．岩石学报，1988，8(3)：29-36.

[96] 杨华，陈洪德，付金华．鄂尔多斯盆地晚三叠世沉积地质与油藏分布规律[M]．北京：科学出版社，2012.

[97] 杨华，姬红，李振宏．鄂尔多斯盆地东部上古生界石千峰组低压气藏特征[J]．地球科学，2004，29(4)：413-419.

[98] 杨俊杰．鄂尔多斯盆地构造演化与油气分布规律[M]．北京：石油工业出版社，2002.

[99] 杨莉，袁万明，洪树炯，等．裂变径迹技术及其地质应用[J]．中国地质调查，2022，9(3)：104-112.

[100] 杨兴科，杨永恒，季丽丹，等．鄂尔多斯盆地东部热力作用的期次和特点[J]．地质学报，2006，80(5)：705-711.

[101] 杨兴科，晁会霞，张哲峰，等．鄂尔多斯盆地东部紫金山岩体特征与形成的动力学环境：盆地热力-岩浆活动的深部作用典型实例剖析[J]．大地构造与成矿学，2010，34(2)：269-281.

[102] 杨兴科，晁会霞，郑孟林，等．鄂尔多斯盆地东部紫金山岩体 SHRIMP 测年地质意义[J]．矿物岩石，2008，28(1)：54-63.

[103] 于强．鄂尔多斯盆地南部中生界热演化史及其与多种能源关系研究[D]．西安：西北大学，2009.

[104] 於崇文．大型矿床和成矿区(带)在混沌边缘[J]．地学前缘，1999，6(2)：2-37.

[105] 袁媛，杜克锋，葛云锦，等．鄂尔多斯盆地甘泉—富县地区长 7 烃源岩地球化学特征[J]．岩性油气藏，2018，30(1)：39-45.

[106] 岳乐平，李建星，郑国璋，等．鄂尔多斯高原演化及环境效应[J]．中国科学(D 辑：地球科学)，2007(S1)：16-22.

[107] 张凤奇，钟红利，张凤博，等．鄂尔多斯盆地 X 地区延长组长 7 油层组致密油藏流体包裹体特征及成藏期次[J]．兰州大学学报(自然科学版)，2016，52(6)：722-728.

[108] 张国伟，张本仁，袁学诚，等．秦岭造山带与大陆动力学[M]．北京：科学出版社，2001.

[109] 张宏法，陈刚，鲍洪平，等．山西临县紫金山碱性火山机构岩体岩浆演化：岩相学及岩石矿物学的证据[J]．西北大学学报(自然科学版)，2010，40(1)：111-120.

[110] 张泓，何宗莲，晋香兰，等．鄂尔多斯盆地构造演化与成煤作用[M]．北京：地质出版社，2005.

[111] 张进江，戚国伟，郭磊，等．内蒙古大青山逆冲推覆体系中生代逆冲构造活动的$^{40}Ar-^{39}Ar$定年[J]．岩石学报，2009，25(3)：609-616.

[112] 张盛．鄂尔多斯盆地古地温演化与多种能源矿产关系的研究[D]．西安：西北大学，2006.

[113] 张艳萍．鄂尔多斯盆地东部地区上古生界天然气成藏年代研究[D]．西安：西安石油大学，2008.

[114] 张有瑜，董爱正，罗修泉，等．油气储层自生伊利石的分离提纯及其 K-Ar 同位素测年技术研究[J]．现代地质，2001，15(3)：315-320.

[115] 张有瑜，罗修泉，宋健，等．油气储层中自生伊利石 K-Ar 同位素年代学研究若干问题的初步探讨[J]．现代地质，2002，16(4)：403-407.

[116] 张有瑜，罗修泉．油气储层自生伊利石 K-Ar 同位素年代学研究现状与展望[J]．石油与天然气地质，2004，25(2)：231-236.

[117] 张岳桥，廖昌珍．晚中生代-新生代构造体制转换与鄂尔多斯盆地改造[J]．中国地质，2006，33(1)：28-36.

[118] 赵国春．华北克拉通基底主要构造单元变质作用演化及其若干问题讨论[J]．岩石学报，2009，25(8)：1772-1792.

[119] 赵靖舟，李秀荣．成藏年代学研究现状[J]．新疆石油地质，2002，23(3)：257-261.

[120] 赵靖舟．油气包裹体在成藏年代学研究中的实用实例分析[J]．地质地球化学，2002，30(2)：83-89.

[121] 赵靖舟．油气成藏年代学研究进展及发展趋势[J]．地球科学进展，2002，17(3)：378-383.

[122] 赵俊兴，陈洪德，时志强．古地貌恢复技术方法及其研究意义：以鄂尔多斯盆地侏罗纪沉积前古地貌研究为例[J]．成都理工学院学报，2001(3)：260-266.

[123] 赵孟为．K-Ar 测年法在确定沉积岩成岩时代中的应用：以鄂尔多斯盆地为例[J]．沉积学报，1996，14(3)：11-21.

[124] 赵越，徐刚，张拴宏．燕山运动与东亚构造体制的转变[J]．地学前缘，2004，11(3)：319-328.

[125] 赵重远，刘池洋．华北克拉通沉积盆地形成与演化及油气赋存[M]．西安：西北大学出版社，1990.

[126] 曾源，陈世加，李士祥，等．鄂尔多斯盆地正宁地区长 8 油层组储层特征[J]．岩性油气藏，2017，29(6)：32-42.

[127] 郑德文，张培震，万景林．碎屑颗粒热年代学：一种揭示盆山耦合过程的年代学方法[J]．地震地质，2000，22(S1)：25-34.

[128] 郑亚东，G A Davis，王琮，等．内蒙古大青山大型逆冲推覆构造[J]．中国科学(D 辑：地球科学)，1998，28(4)：289-295.

[129] 周进松，乔向阳，王若谷，等．鄂尔多斯盆地延安气田山西组致密砂岩气有效储层发育模式[J]．天然气地球科学，2022，33(20)：195-206.

[130] 周中毅，潘长春．沉积盆地古地温测定方法及其应用[M]．广州：广东科技出版社，1992.

[131] 周祖翼，R Donelick. 基于磷灰石裂变径迹分析数据的时间-温度历史的多元动力学模拟

[J]. 石油实验地质, 2001, 23(1): 97-102.

[132] 周祖翼, 毛凤鸣, 廖宗廷, 等. 裂变径迹年龄多成分分离技术及其在沉积盆地物源分析中的应用[J]. 沉积学报, 2001, 19(3): 456-458.

[133] 周祖翼, 廖宗廷, 杨凤丽. 裂变径迹分析及其在沉积盆地研究中的应用[J]. 石油实验地质, 2001, 23(3): 332-337.

[134] 朱金初, 王汝成, 陆建军, 等. 关于南岭中生代花岗岩侵位年龄与锆石 U-Pb 年龄的时差问题: 与章邦桐教授等讨论[J]. 高校地质学报, 2010, 16(1): 119-123.

[135] Athy L. F. Density, Porosity and compaction of sedimentary rocks[J]. AAPG Bulletin, 1930, 192: 1-24.

[136] Brandon M T. Decomposition of fission track grain age distributions[J]. American Journal Science, 1992, 292: 535-564.

[137] Brandon M T. Probability density plot for fission track grain age samples[J]. Radiation Measurement, 1996, 26(5): 663-676.

[138] Braun J, Van der Beek P, Batt G. Quantitative thermochronology[M]. New York: Cambridge University Press, 2006.

[139] Chang Z S, Jeffery D V, William C M, et al. U-Pb dating of zircon by LA-ICP-MS[J]. Geochem Geophys Geosyst, 2006, 7(5): 1-14.

[140] Chen G, Yang F, Li S H, et al. Geochronological Records of Oil-Gas Accumulations in the Permian Reservoirs of the Northeastern Ordos Basin[J]. Acta Geologica Sinica(English Edition), 2013, 87(6): 1701-1711.

[141] Cherniak D J, Watson E B. Pb diffusion in zircon[J]. Chemical Geology, 2001, 172: 5-24.

[142] Ding C, Guo L, Guo S. Main elements geochemistry implication of meso-cenozoic tectonic evolution[J]. Chem Technol Fuels Oils, 2024, 59(6): 1248-1256.

[143] Donelick R A, O'Sullivan P B, Ketcham R A. Apatite fission-track analysis[J]. Reviews in Mineralogy & Geochemistry, 2005, 58: 49-94.

[144] Dow W G. Kerogen studies and geological interpretations[J]. Journal of Geochemical Exploration, 1977(7): 79-99.

[145] Galbraith R F, Laslett G M. Statistical models for mixed fission track grain ages[J]. Nuclear Tracks Radiation Measurement, 1993, 21: 459-470.

[146] Galbraith R F. The radial plot: graphical assessment of spread in ages[J]. Nuclear Tracks Radiation Measurement, 1990, 17: 207-214.

[147] Gallagher K, Brown R W, Johnson C. Fission track analysis and its applications to geological problems[J]. Annual Reviews of Earth Planetary Sciences, 1998, 26: 519-572.

[148] Gleadow A J W, Dubby I R, Lovering J F. Fission track analysis: a new tool for the evaluation of thermal histories and hydrocarbon potential[J]. Australian Petroleum Exploration Association Journal, 1983, 23: 93-102.

[149] Gleadow A J W, Duddy I R, Green P F, et al. Fission track lengths in the apatite annealing zone and the interpretation of mixed ages[J]. Earth and Planetary Science Letter, 1986, 78: 245-254.

[150] Goolaerts A, Mattielli N, De J, et al. Hf and Lu isotopic reference vales for the zircon standard 91500 by MC · ICP-MS[J]. Chemical Geology, 2004, 206(1-2): 1-9.

[151] Green P F, Duddy I R, Laslett G M, et al. Thermal annealing of fission tracks in apatite 4. Qualitative modeling techniques and extensions to geological timescales[J]. Chemical Geology, 1989, 79: 155-182.

[152] Hamilton P J, Kelley S, Fallick A E. K-Ar dating of illite in hydrocarbon reservoirs[J]. Clay Minerals, 1989, 24: 215-231.

[153] Hurford A J, Green P F. A users, guide to fission-track dating calibration[J]. Earth and Planetary Science Letter, 1982, 59: 343-354.

[154] Magara K. Thickness of removed sedimentary rocks, paleopore pressure, and paleotemperature, southwestern part of western canada basin[J]. AAPG Bulletin, 1976, 60: 554-566.

[155] Ketcham R A, Donelick R A, Donelick M B. AFTSolve: a program for multi-kinetic modeling of apatite fission-track data[J]. Geological Materials Research, 2000, 2(1): 1-32.

[156] Kominz M A. Oceanic ridge volumes and sea level change: An error analysis, in Schlee, J, ed., Interregional unconformities and hydrocarbon accumulation[J]. American Association of Petroleum Geologists Memoir, 1984, 36: 109-127.

[157] Lee M, Aronson J L, Savin S M. K-Ar dating of time of gas emplacement in rotliegendes sandatone, Netherlands[J]. AAPG Bull, 1985, 69(9): 1381-1385.

[158] Mao J W, Wang Y T, Zhang Z H, et al. Geodynamic setting of mesozoic large-scale mineralization in North China and adjacent areas[J]. Science China Earth Science, 2003, 46(8):

838-851.

[159] McDougall I, Harrison T M. Geochronology and thermochronology by the $^{40}Ar-^{39}Ar$ Method [M]. New York: Oxford University Press, 1999.

[160] Ren Zhanli, Zhang Sheng, Gao Shengli, et al. Tectonic thermal history and its significance on the formation of oil and gas accumulation and mineral deposit in ordos basin[J]. Science China Earth Sciences, 50(Supp. Ⅱ), 2007, 27-38.

[161] Simon E J, Norman J P, William L G, et al. The application of laser ablation-inductively coupled plasma-mass spectrometry to in-situ U-Pb zircon geochronology[J]. Chem Geol, 2004, 211: 47-69.

[162] Tong Sun, Jiafu Qi, Qiang Ni, et al. The influence of syntectonic sedimentation on thrust belt deformation: a kinematic model example from the triangle zone within the Western Kunlun thrust belt[J]. International Journal of Earth Sciences, 2019, 108(4): 1121-1136.

[163] Van Hinte J E. Geohistory analysis: application of micropaleontology in exploration geology[J]. AAPG Bulletin, 1978, 62(2): 201-222.

[164] Wagner G A, Van den Haute P. Fission-track-dating[M]. Dordrecht: Enke Verlag-Kluwer Academic Publisher, 1992.

[165] Ying J F, Zhang H F, Sun M, et al. Petrology and geochemistry of Zijinshan alkaline intrusive complex in Shanxi Province, western North China Craton: Implication for magma mixing of different sources in an extensional regime[J]. Lithos, 2007, 98: 45-66.

[166] Yuan H L, Gao S, Liu X M, et al. Accurate U-Pb age and trace element determinations of zircons by laser ablation inductively coupled plasma mass spectrometry[J]. Geoanalytical and Geostandard Research, 2004, 28(3): 353-370.

[167] Zhang H F, Sun M, Zhou X H, et al. Geochemical constraints on the origin of mesozoic alkaline intrusive complexes from the North China Craton and tectonic implications[J]. Lithos, 2005, 81: 297-317.

[168] Zhao M W, Behr H J, Ahrendt H, et al. Thermal and tectonic history of the ordos basin, China: Evidence from apatite fission track analysis, vitrinite reflectance, and K-Ar Dating [J]. AAPG Bulletin, 1996, 80(7): 1110-1134.